演習 電気回路

庄 善之 著

共立出版

まえがき

　本書は,「電気回路」を学ぶ学生が,その理解を深めるために最適な問題を集めた演習書である.電気回路を理解するためには,色々な問題を実際に解くことが有効である.そのために本書では,複雑な回路によって計算が困難となる演習問題ではなく,電気回路の考え方を理解するための良問を選んで記述した.

　著者の前著「テキスト電気回路」では,基本的な例題の解法に多くの紙面を割いたため,演習問題の記述が少なかった.本書は,前著等で電気回路の基本を学んだ学生が,次に取り組むべき演習書として最適である.また,演習問題1問に対して1ページ以上の紙面を用いて,詳細な解答を記述した.さらに,欄外には解法のヒントや別解などを多く記述し,読者が電気回路をより深く理解できるように工夫をした.このことから本書の演習問題の解法を確実に理解することによって,電気回路の幅広い知識が得られるはずである.

2014年7月

著　者

目　　次

第1章　電気回路の基本 1
演習 1.1　　*2*
演習 1.2　　*3*
演習 1.3　　*4*
演習 1.4　　*6*
演習 1.5　　*8*
演習 1.6　　*9*
演習 1.7　　*10*
演習 1.8　　*11*
演習 1.9　　*12*
演習 1.10　　*13*
演習 1.11　　*14*

第2章　キルヒホッフの法則 15
演習 2.1　　*16*
演習 2.2　　*17*
演習 2.3　　*18*
演習 2.4　　*19*
演習 2.5　　*20*

第3章　閉路方程式を用いた回路解析 21
演習 3.1　　*22*
演習 3.2　　*24*
演習 3.3　　*26*
演習 3.4　　*27*
演習 3.5　　*28*

第4章　等価電圧源, 等価電流源 29
演習 4.1　　*30*
演習 4.2　　*31*

演習 4.3　　*32*
演習 4.4　　*33*
演習 4.5　　*34*
演習 4.6　　*35*
演習 4.7　　*36*

第 5 章　正弦波交流回路 *37*

演習 5.1　　*38*
演習 5.2　　*39*
演習 5.3　　*40*
演習 5.4　　*42*
演習 5.5　　*44*
演習 5.6　　*46*
演習 5.7　　*48*

第 6 章　複素数を用いた交流回路解析 *49*

演習 6.1　　*50*
演習 6.2　　*51*
演習 6.3　　*52*
演習 6.4　　*53*
演習 6.5　　*54*
演習 6.6　　*55*
演習 6.7　　*56*
演習 6.8　　*57*
演習 6.9　　*58*
演習 6.10　　*59*
演習 6.11　　*60*

第 7 章　フェーザ軌跡 *61*

演習 7.1　　*62*
演習 7.2　　*64*
演習 7.3　　*66*
演習 7.4　　*68*

第 8 章　交流電力 *69*

演習 8.1　　*70*
演習 8.2　　*71*
演習 8.3　　*72*
演習 8.4　　*73*
演習 8.5　　*74*
演習 8.6　　*75*
演習 8.7　　*76*

演習 8.8　　*77*

演習 8.9　　*78*

演習 8.10　　*79*

第9章　相互誘導回路 *81*

演習 9.1　　*82*

演習 9.2　　*83*

演習 9.3　　*84*

演習 9.4　　*85*

演習 9.5　　*86*

第10章　三相交流回路 *87*

演習 10.1　　*88*

演習 10.2　　*89*

演習 10.3　　*90*

演習 10.4　　*93*

演習 10.5　　*94*

演習 10.6　　*96*

演習 10.7　　*98*

演習 10.8　　*100*

演習 10.9　　*101*

演習 10.10　　*102*

第11章　一般線形回路 *103*

演習 11.1　　*104*

演習 11.2　　*105*

演習 11.3　　*106*

演習 11.4　　*108*

演習 11.5　　*109*

演習 11.6　　*110*

演習 11.7　　*111*

演習 11.8　　*112*

演習 11.9　　*114*

第12章　二端子対回路 *115*

演習 12.1　　*116*

演習 12.2　　*118*

演習 12.3　　*119*

演習 12.4　　*120*

演習 12.5　　*121*

演習 12.6　　*122*

演習 12.7　　*123*

演習 12.8　　*124*

第13章　分布定数回路 **125**

演習 13.1　　*126*
演習 13.2　　*128*
演習 13.3　　*129*
演習 13.4　　*130*

第14章　過渡現象解析 **131**

演習 14.1　　*132*
演習 14.2　　*134*
演習 14.3　　*135*
演習 14.4　　*136*
演習 14.5　　*138*

第1章　電気回路の基本

　図 1.1 に示す回路で，抵抗 R に電圧 E を印加した場合，回路に流れる電流 I はオームの法則を用いて求められる．また，その抵抗で消費される電力は，抵抗への印加電圧 E と電流 I で求められる．

電圧を印加するとは，電圧を加えることである．

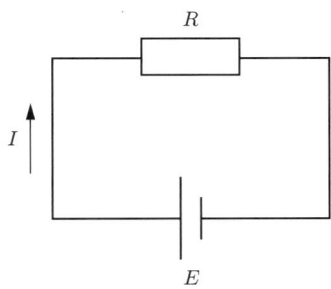

図 1.1　抵抗と定電圧源の回路

オームの法則　　$I = \dfrac{E}{R}$ 　　　　　　　　　　　　　　　(1)

電力　　　　　　$P = E \cdot I$ 　　　　　　　　　　　　　　　(2)

　抵抗が図 1.2(a) 直列または (b) 並列に接続されている場合，抵抗の合成は式 (3)，(4) を用いて行なう．

(a) 抵抗の直列接続　　　　(b) 抵抗の並列接続

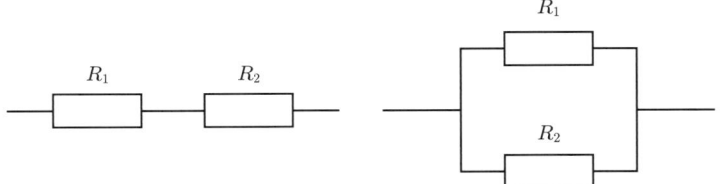

図 1.2　(a) 抵抗の直列接続，(b) 抵抗の並列接続

直列接続された抵抗の合成
$$R = R_1 + R_2 \tag{3}$$

並列接続された抵抗の合成
$$\dfrac{1}{R} = \dfrac{1}{R_1} + \dfrac{1}{R_2} \qquad R = \dfrac{R_1 R_2}{R_2 + R_1} \tag{4}$$

【演習 1.1】

図 1.3(a)～(d) の合成抵抗 R を求めよ．

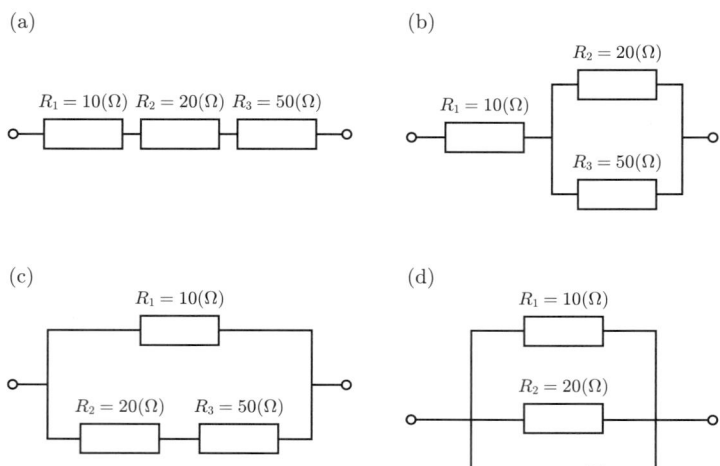

図 1.3

【演習解答】

直列および並列接続された抵抗の合成法から，以下のように合成抵抗 R が求められる．

(a) $R = R_1 + R_2 + R_3$
$$= 10 + 20 + 50 = 80 \ (\Omega) \tag{1.1.1}$$

(b) $R = R_1 + \dfrac{R_2 R_3}{R_2 + R_3}$
$$= 10 + \dfrac{20 \cdot 50}{20 + 50} = 24.3 \ (\Omega) \tag{1.1.2}$$

(c) $R = \dfrac{R_1 \cdot (R_2 + R_3)}{R_1 + (R_2 + R_3)}$
$$= \dfrac{10 \cdot (20 + 50)}{10 + (20 + 50)} = 8.75 \ (\Omega) \tag{1.1.3}$$

(d) $R = \dfrac{1}{\frac{1}{R_1} + \frac{1}{R_2} + \frac{1}{R_3}}$
$$= \dfrac{1}{\frac{1}{10} + \frac{1}{20} + \frac{1}{50}} = 5.88 \ (\Omega) \tag{1.1.4}$$

複数の抵抗が並列接続されている場合の合成抵抗は，各抵抗の逆数の和が合成抵抗の逆数に等しいことから求める．

$\dfrac{1}{R} = \dfrac{1}{R_1} + \dfrac{1}{R_1} + \dfrac{1}{R_1} + \cdots$

$R = \dfrac{1}{\frac{1}{R_1} + \frac{1}{R_2} + \frac{1}{R_3} + \cdots}$

【演習 1.2】

図 1.4 に示すように，抵抗 R_1 と R_2 が規則的に無限個接続されたはしご形回路がある．端子 a-b 間から見たこの回路の合成抵抗 R を求めよ．

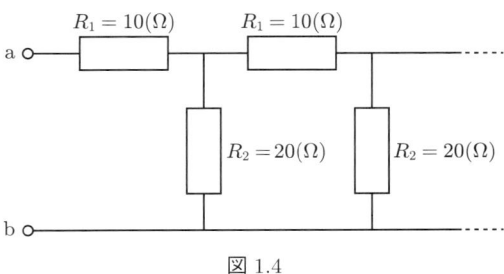

図 1.4

【演習解答】

図 1.4 の回路の端子 a-b 間に，抵抗 R_1 と R_2 を接続した回路 (図 1.5) を考える．この回路の端子 a'-b' 間から見た合成抵抗 R' は，元の回路の合成抵抗 R と新たに接続した抵抗 R_1, R_2 を用いて以下のように求められる．

$$R' = R_1 + \frac{R_2 \cdot R}{R_2 + R} \tag{1.2.1}$$

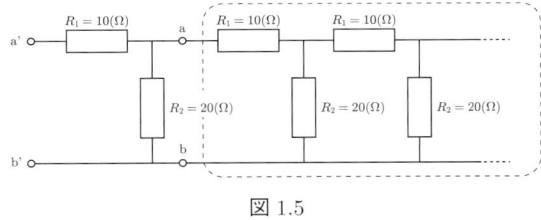

図 1.5

図 1.4 の回路は，抵抗が無限個接続されているので，新たに抵抗 R_1 と R_2 を加えても，合成抵抗は変化しない ($R' = R$)．このことから，以下の式が成り立つ．

$$R' = R_1 + \frac{R_2 \cdot R}{R_2 + R} = R$$

$$10 + \frac{20 \cdot R}{20 + R} = R$$

$$R^2 - 10R - 200 = 0$$

$$(R - 20)(R + 10) = 0 \tag{1.2.2}$$

合成抵抗 R は正の値であるため，図 1.4 の回路の合成抵抗 R は以下である．

$$R = 20 \, (\Omega) \tag{1.2.3}$$

【演習 1.3】

図 1.6 の回路で，抵抗 R_1, R_2, R_3 の合成抵抗 R を求めよ．また，回路全体に流れる電流 I および各抵抗に流れる電流 I_1, I_2, I_3 を求めよ．さらに，各抵抗で発生する電圧 V_1, V_2, V_3 および各抵抗で消費される電力 P_1, P_2, P_3 を求めよ．

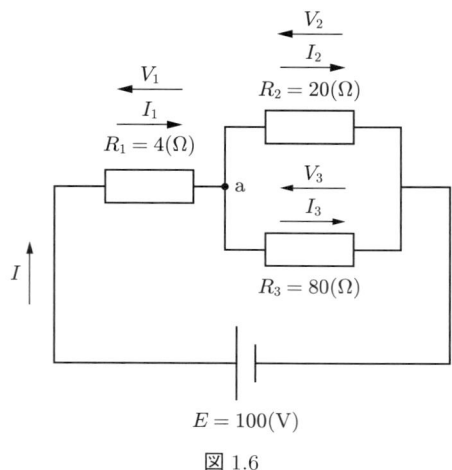

図 1.6

【演習解答】

(a) 合成抵抗 R を求める

抵抗 R_2, R_3 は並列接続されており，それらと抵抗 R_1 が直列に接続されている．そのため，これらの合成抵抗 R は，以下で求められる．

$$R = R_1 + \frac{R_2 \cdot R_3}{R_2 + R_3} = 4 + \frac{20 \cdot 80}{20 + 80} = 20\,(\Omega) \tag{1.3.1}$$

図 1.6 の回路を合成抵抗 R を用いて表すと以下になる．

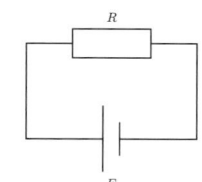

(b) 回路全体に流れる電流 I を求める

回路全体に流れる電流 I は，合成抵抗 R と定電圧源 E を用いて求められる．

$$I = \frac{E}{R} = \frac{100}{20} = 5\,(\text{A}) \tag{1.3.2}$$

(c) 各抵抗に流れる電流 I_1, I_2, I_3 を求める

抵抗 R_1 に流れる電流は，回路全体に流れる電流 I と同じである．

$$I_1 = I = 5\,(\text{A}) \tag{1.3.3}$$

抵抗 R_1 を流れる電流 I_1 は，点 a で抵抗 R_2 と R_3 に分流される．このことから，それぞれの抵抗に流れる電流 I_1, I_2 は，分流の定理を用いて求められる．

$$I_2 = \frac{R_3}{R_2 + R_3} I_1 = \frac{80}{20 + 80} 5 = 4 \text{ (A)} \tag{1.3.4}$$

$$I_3 = \frac{R_2}{R_2 + R_3} I_1 = \frac{20}{20 + 80} 5 = 1 \text{ (A)} \tag{1.3.5}$$

(d) 各抵抗で発生する電圧 V_1, V_2, V_3 を求める

各抵抗には，電流が流れることで，電圧が発生する．その電圧は以下の式で求められる．

$$V_1 = R_1 \cdot I_1 = 4 \cdot 5 = 20 \text{ (V)} \tag{1.3.6}$$
$$V_2 = R_2 \cdot I_2 = 20 \cdot 4 = 80 \text{ (V)} \tag{1.3.7}$$
$$V_3 = R_3 \cdot I_3 = 80 \cdot 1 = 80 \text{ (V)} \tag{1.3.8}$$

各抵抗には，電流 I が左から右に流れている．そのとき発生する電圧 V は，左が正（プラス），右が負（マイナス）であり，電圧の矢印は左向きである．

電圧と電流の矢印の向きが逆であることは，抵抗で電力が消費されていることを示している．

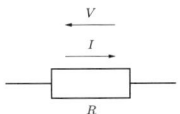

(e) 各抵抗で消費される電力 P_1, P_2, P_3 を求める

各抵抗で消費される電力は，抵抗の両端電圧および抵抗に流れている電流から，以下の式で求められる．

$$P_1 = V_1 \cdot I_1 = 20 \cdot 5 = 100 \text{ (W)} \tag{1.3.9}$$
$$P_2 = V_2 \cdot I_2 = 80 \cdot 4 = 320 \text{ (W)} \tag{1.3.10}$$
$$P_3 = V_3 \cdot I_3 = 80 \cdot 1 = 80 \text{ (W)} \tag{1.3.11}$$

なお，回路全体で消費される電力 P は，各抵抗で消費される電力の和となる．

$$\begin{aligned} P &= P_1 + P_2 + P_3 \\ &= 100 + 320 + 80 = 500 \text{ (W)} \end{aligned} \tag{1.3.12}$$

■別解　電力は抵抗に電流が流れることで発生する．このことから，以下の式を用いて，各抵抗で消費される電力を求めることが出来る．

$$P_1 = R_1 \cdot |I_1|^2 = 4 \cdot 5^2 = 100 \text{ (W)} \tag{1.3.13}$$
$$P_2 = R_2 \cdot |I_2|^2 = 20 \cdot 4^2 = 320 \text{ (W)} \tag{1.3.14}$$
$$P_3 = R_3 \cdot |I_3|^2 = 80 \cdot 1^2 = 80 \text{ (W)} \tag{1.3.15}$$

回路全体で消費される電力 P は，抵抗 R_1, R_2, R_3 の合成抵抗 R に回路全体を流れる電流 I が流れることで発生するとも考えられる．そのため，回路全体で消費される電力 P は，以下の式で求めることも出来る．

$$P = R \cdot |I|^2 = 20 \cdot 5^2 = 500 \text{ (W)} \tag{1.3.16}$$

式 (1.3.13) は以下のように導かれる．

$$\begin{aligned} P &= V \cdot I \\ &= (R \cdot I) \cdot I \\ &= R \cdot I^2 \end{aligned}$$

合成抵抗 R に電流 I が流れる回路は，以下である．

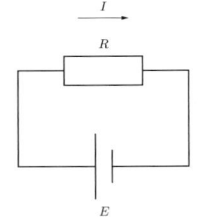

【演習 1.4】

図 1.7 の回路で，抵抗 R_1, R_2, R_3 の合成抵抗 R を求めよ．また，各抵抗に流れる電流 I_1, I_2, I_3，各抵抗で発生する V_1, V_2, V_3，および各抵抗で消費される電力 P_1, P_2, P_3 を求めよ．さらに，定電流源の出力電圧 E_{out} を求めよ．

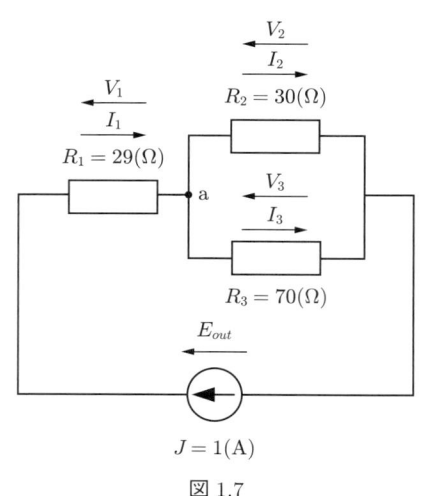

図 1.7

【演習解答】

(a) 合成抵抗 R を求める

抵抗 R_2, R_3 は並列接続されており，それらと抵抗 R_1 が直列に接続されている．そのため，これらの合成抵抗 R は，以下で求められる．

$$R = R_1 + \frac{R_2 \cdot R_3}{R_2 + R_3} = 29 + \frac{30 \cdot 70}{30 + 70} = 50\,(\Omega) \tag{1.4.1}$$

図 1.7 の回路を合成抵抗 R を用いて表すと以下になる．

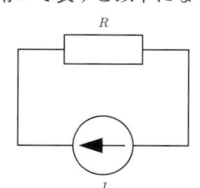

(b) 各抵抗に流れる電流 I_1, I_2, I_3 を求める

抵抗 R_1 を流れる電流は，定電流源の出力電流 J と同じである．

$$I_1 = J = 1\,(\text{A}) \tag{1.4.2}$$

抵抗 R_1 を流れる電流 I_1 は，点 a で抵抗 R_2 と R_3 に分流される．このことから，それぞれの抵抗に流れる電流 I_1, I_2 は，分流の定理を用いて求められる．

$$I_2 = \frac{R_3}{R_2 + R_3} I_1 = \frac{70}{30 + 70} 1 = 0.7\,(\text{A}) \tag{1.4.3}$$

$$I_3 = \frac{R_2}{R_2 + R_3} I_1 = \frac{30}{30 + 70} 1 = 0.3\,(\text{A}) \tag{1.4.4}$$

(c) 各抵抗で発生する電圧 V_1, V_2, V_3 を求める

各抵抗には，電流が流れることで，電圧が発生する．その電圧は以下の式で求められる．

$$V_1 = R_1 \cdot I_1 = 29 \cdot 1 = 29 \text{ (V)} \tag{1.4.5}$$

$$V_2 = R_2 \cdot I_2 = 30 \cdot 0.7 = 21 \text{ (V)} \tag{1.4.6}$$

$$V_3 = R_3 \cdot I_3 = 70 \cdot 0.3 = 21 \text{ (V)} \tag{1.4.7}$$

(d) 各抵抗で消費される電力 P_1, P_2, P_3 を求める

各抵抗で消費される電力は，抵抗で発生する電圧，および抵抗に流れている電流から，以下の式で求められる．

$$P_1 = V_1 \cdot I_1 = 29 \cdot 1 = 29 \text{ (W)} \tag{1.4.8}$$

$$P_2 = V_2 \cdot I_2 = 21 \cdot 0.7 = 14.7 \text{ (W)} \tag{1.4.9}$$

$$P_3 = V_3 \cdot I_3 = 21 \cdot 0.3 = 6.3 \text{ (W)} \tag{1.4.10}$$

なお，回路全体で消費される電力 P は，各抵抗で消費される電力の和である．

$$P = P_1 + P_2 + P_3 = 29 + 14.7 + 6.3 = 50 \text{ (W)} \tag{1.4.11}$$

■別解　電力は抵抗に電流が流れることで発生する．このことから，以下の式を用いて，各抵抗で消費される電力を求めることが出来る．

$$P_1 = R_1 \cdot |I_1|^2 = 29 \cdot 1^2 = 29 \text{ (W)} \tag{1.4.12}$$

$$P_2 = R_2 \cdot |I_2|^2 = 30 \cdot 0.7^2 = 14.7 \text{ (W)} \tag{1.4.13}$$

$$P_3 = R_3 \cdot |I_3|^2 = 70 \cdot 0.3^2 = 6.3 \text{ (W)} \tag{1.4.14}$$

回路全体で消費される電力 P は，抵抗 R_1, R_2, R_3 の合成抵抗 R に定電流源の電流 J が流れることで発生するとも考えられる．そのため，回路全体で消費される電力 P は，以下の式で求めることも出来る．

$$P = R \cdot |J|^2 = 50 \cdot 1^2 = 50 \text{ (W)} \tag{1.4.15}$$

(e) 定電流源の出力電圧 E_{out} を求める

定電流源の出力電圧 E_{out} は，この回路に電流 J を流すために必要な電圧である．このことから，定電流源の出力電圧 E_{out} は，合成抵抗 R と定電流源 J から求められる．

$$E_{out} = R \cdot J = 50 \cdot 1 = 50 \text{ (V)} \tag{1.4.16}$$

■別解　定電流源の出力電圧 E_{out} は，抵抗で発生する電圧 V_1 と V_2 の和，または電圧 V_1 と V_3 の和としても求められる．

$$E_{out} = V_1 + V_2 = 29 + 21 = 50 \text{ (V)} \tag{1.4.17}$$

$$E_{out} = V_1 + V_3 = 29 + 21 = 50 \text{ (V)} \tag{1.4.18}$$

【演習 1.5】

図 1.8 の回路で，抵抗 R_1 に発生する電圧は $V_1 = 24\,(\mathrm{V})$ であった．各抵抗に流れる電流 I_1, I_2，および定電流源の値 J を求めよ．

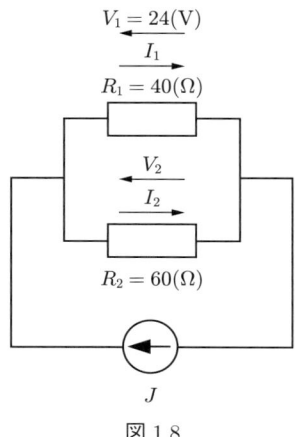

図 1.8

【演習解答】

(a) 抵抗 R_1 に流れる電流 I_1 を求める

抵抗 R_1 には，電流 I_1 が流れることで，電圧 V_1 が発生している．このことから，抵抗 R_1 を流れる電流 I_1 は，以下となる．

$$I_1 = \frac{V_1}{R_1} = \frac{24}{40} = 0.6\,(\mathrm{A}) \tag{1.5.1}$$

(b) 抵抗 R_2 に流れる電流 I_2 を求める

図 1.8 の回路は 2 つの抵抗が並列に接続されているため，抵抗 R_2 に印加されている電圧は抵抗 R_1 のそれと等しい ($V_1 = V_2$)．このことから，抵抗 R_2 を流れる電流 I_1 は，以下となる．

$$I_2 = \frac{V_2}{R_2} = \frac{24}{60} = 0.4\,(\mathrm{A}) \tag{1.5.2}$$

> 定電流源の両端の電圧も，抵抗の両端の電圧と等しい ($E_{out} = 24\,(\mathrm{V})$).

(c) 定電流源の値 J を求める

各抵抗を流れる電流 I_1, I_2 は，定電流源から出力されている．そのため，定電流源の値 J は各抵抗を流れる電流の和である．

$$J = I_1 + I_2 = 0.6 + 0.4 = 1\,(\mathrm{A}) \tag{1.5.3}$$

■**別解** 定電流源の値 J は，R_1 と R_2 の合成抵抗とそれらに印加されている電圧 V_1 からも求められる．

$$J = \frac{V_1}{\frac{R_1 \cdot R_2}{R_1 + R_2}} = \frac{24}{\frac{40 \cdot 60}{40 + 60}} = 1\,(\mathrm{A}) \tag{1.5.4}$$

【演習 1.6】
図 1.9 の回路で，端子 a-b 間の電圧 V_{ab} を求めよ．

端子 a-b 間の電圧 V_{ab} は，電位差とも呼ばれる．

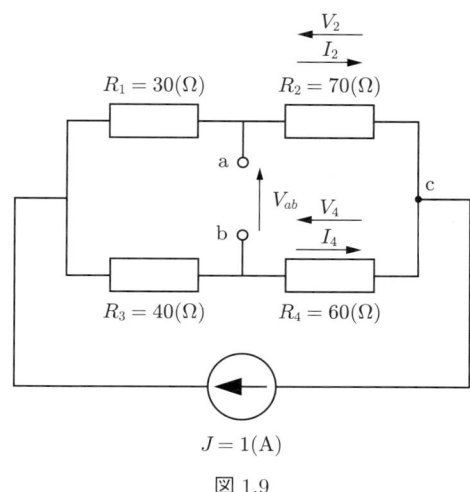

図 1.9

【演習解答】

(a) 抵抗 R_2, R_4 に発生する電圧を求める

抵抗 R_2, R_4 に流れる電流 I_2, I_4 を分流の定理を用いて求める．

$$I_2 = \frac{(R_3+R_4)}{(R_1+R_2)+(R_3+R_4)}J = 0.5\,(\mathrm{A}) \tag{1.6.1}$$

$$I_4 = \frac{(R_1+R_2)}{(R_1+R_2)+(R_3+R_4)}J = 0.5\,(\mathrm{A}) \tag{1.6.2}$$

抵抗 R_2, R_4 に発生する電圧 V_2, V_4 は，それらに流れる電流 I_2, I_4 から求められる．

$$V_2 = R_2 I_2 = 70 \cdot 0.5 = 35\,(\mathrm{V}) \tag{1.6.3}$$

$$V_4 = R_4 I_4 = 60 \cdot 0.5 = 30\,(\mathrm{V}) \tag{1.6.4}$$

(b) 端子 ab 間の電圧 V_{ab} を求める

抵抗 R_2 および R_4 は点 c に接続されているため，これらに発生する電圧 V_2, V_4 は点 c を基準とした電圧である．このことから，端子 a-b 間の電圧 V_{ab} は，抵抗の電圧 V_2 と V_4 の差である．

$$V_{ab} = V_2 - V_4 = 35 - 30 = 5\,(\mathrm{V})$$

図 1.9 の回路で，電圧 V_{ab} の矢印は上向きに設定されている．このことは，電圧 V_{ab} は，端子 b を電圧の基準にして表すことを示している．そのため，電圧 V_{ab} は，端子 a の電圧 V_2 から，基準となる端子 b の電圧 V_4 を引くことで求められる ($V_{ab} = V_2 - V_4$)．

抵抗 R_2, R_4 に発生する電圧 V_2, V_4 は，定電流源の出力電圧 E_{out} と分圧の定理を用いて求めることも出来る．

$$E_{out} = \frac{(R_1+R_2)(R_3+R_4)}{(R_1+R_2)+(R_3+R_4)}J$$
$$= 50\,(\mathrm{V})$$

$$V_2 = \frac{R_2}{R_1+R_2}E_{out}$$
$$= 35\,(\mathrm{V})$$

$$V_4 = \frac{R_4}{R_3+R_4}E_{out}$$
$$= 30\,(\mathrm{V})$$

【演習 1.7】
図 1.10 の回路全体を流れる電流 I,各抵抗を流れる電流 $I_1 \sim I_5$ を求めよ.

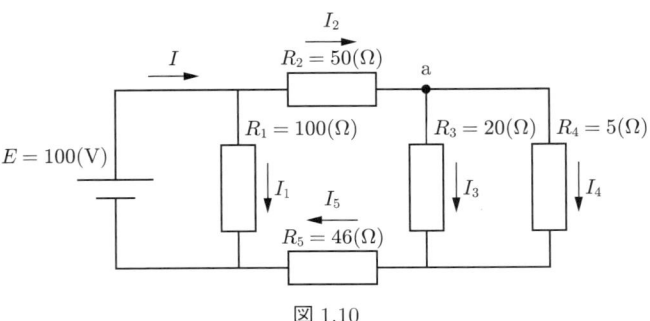

図 1.10

【演習解答】
抵抗 R_3 と R_4 の合成抵抗 R を求めると,図 1.10 の回路は,図 1.11 の等価回路に変換出来る.なお,合成抵抗 R は以下である.

$$R = \frac{R_3 \cdot R_4}{R_3 + R_4} = \frac{20 \cdot 5}{20 + 5} = 4 \,(\Omega) \tag{1.7.1}$$

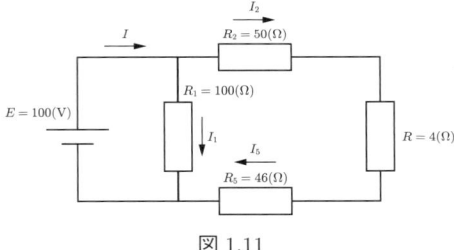

図 1.11

図 1.11 を用いて,電流 I, I_1, I_2, I_5 を求める.

$$I = \frac{E}{\frac{R_1 \cdot (R_2 + R + R_5)}{R_1 + (R_2 + R + R_5)}} = \frac{100}{\frac{100 \cdot (50+4+46)}{100+(50+4+46)}} = 2 \,(A) \tag{1.7.2}$$

$$I_1 = \frac{E}{R_1} = \frac{100}{100} = 1 \,(A) \tag{1.7.3}$$

$$I_2 = I_5 = \frac{E}{R_2 + R + R_5} = \frac{100}{50+4+46} = 1 \,(A) \tag{1.7.4}$$

図 1.10 の回路図で電流 I_2 は,点 a で抵抗 R_3, R_4 に分流される.このことから,それぞれの抵抗に流れる電流 I_3, I_4 は以下となる.

$$I_3 = \frac{R_4}{R_3 + R_4} I_2 = \frac{5}{20+5} 1 = 0.2 \,(A) \tag{1.7.5}$$

$$I_4 = \frac{R_3}{R_3 + R_4} I_2 = \frac{20}{20+5} 1 = 0.8 \,(A) \tag{1.7.6}$$

【演習 1.8】
図 1.12 の回路で，抵抗 R_1 に発生する電圧が $V_1 = 1\,(\mathrm{V})$ になるように，抵抗 R_2 の値を決定せよ．

図 1.12 の回路は，分圧回路と呼ばれる．

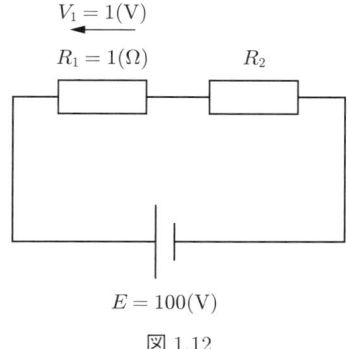

図 1.12

【演習解答】
抵抗 R_1 に発生する V_1 は，定電圧源の電圧 E が抵抗 R_1 と R_2 で分圧されることで決まる．

$$V_1 = \frac{R_1}{R_1 + R_2} E \tag{1.8.1}$$

抵抗 R_2 の値は，定電圧源の値 $E = 100\,(\mathrm{V})$，および抵抗 $R_1 = 1\,(\Omega)$ を式 (1.8.1) に代入し，R_2 について解くことで求められる．

$$1 = \frac{1}{1 + R_2} 100$$

$$\therefore\quad R_2 = 99\,(\Omega) \tag{1.8.2}$$

■別解　抵抗 R_1, R_2 での電圧 V_1, V_2 の和は，定電圧源 E と等しい．そのため，抵抗 R_2 に発生する電圧 V_2 は以下で求められる．

$$V_2 = E - V_1 = 100 - 1 = 99\,(\mathrm{V}) \tag{1.8.3}$$

抵抗 R_1 には電圧 V_1 が発生しているため，そこに流れている電流 I は以下となる．

$$I = \frac{V_1}{R_1} = \frac{1}{1} = 1\,(\mathrm{A}) \tag{1.8.4}$$

抵抗 R_2 には，電流 $I = 1\,(\mathrm{A})$ が流れることで，電圧 $V_2 = 99\,(\mathrm{V})$ が発生している．このことから，抵抗 R_2 は以下で求められる．

$$R_2 = \frac{V_2}{I} = \frac{99}{1} = 99\,(\Omega) \tag{1.8.5}$$

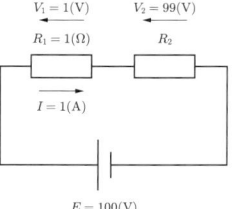

図 1.13 の回路は，分流回路と呼ばれる．

【演習 1.9】
図 1.13 の回路で，抵抗 R_1 に電流 $I_1 = 4\,(\mathrm{A})$ が流れるように，抵抗 R_2 の値を決定せよ．

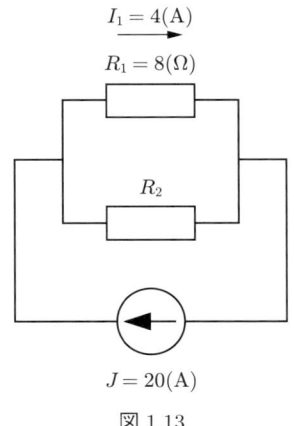

図 1.13

【演習解答】
抵抗 R_1 を流れる電流 I_1 は，定電流源の値 J が抵抗 R_1 と R_2 で分流されることで決まる．

$$I_1 = \frac{R_2}{R_1 + R_2} J \tag{1.9.1}$$

抵抗 R_2 の値は，定電流源の $J = 20\,(\mathrm{A})$ および抵抗 $R_1 = 8\,(\Omega)$ を式 (1.9.1) に代入し，R_2 について解くことで求められる．

$$4 = \frac{R_2}{8 + R_2} 20$$

$$\therefore \quad R_2 = 2\,(\Omega) \tag{1.9.2}$$

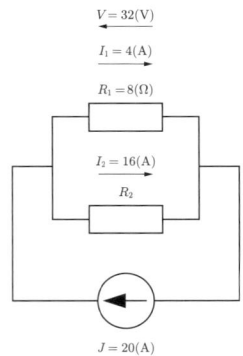

■別解　抵抗 R_1, R_2 を流れる電流 I_1, I_2 の和は，定電流源 J と等しい．そのため，抵抗 R_2 を流れる電流 I_2 は以下で求められる．

$$I_2 = J - I_1 = 20 - 4 = 16\,(\mathrm{A}) \tag{1.9.3}$$

抵抗 R_1 には，電流 $I_1 = 4\,(\mathrm{A})$ が流れることで電圧 V が発生する．このことから，抵抗 R_1, R_2 に印加されている電圧 V は以下となる．

$$V = R_1 \cdot I_1 = 8 \cdot 4 = 32\,(\mathrm{V}) \tag{1.9.4}$$

抵抗 R_2 には，電流 $I_2 = 16\,(\mathrm{A})$ が流れることで電圧 $V = 32\,(\mathrm{V})$ が発生している．このことから，抵抗 R_2 は以下で求められる．

$$R_2 = \frac{V}{I_2} = \frac{32}{16} = 2\,(\Omega) \tag{1.9.5}$$

【演習 1.10】

図 1.14 の回路で，端子 a-b 間の抵抗値は 500 (Ω) であり，抵抗 R_0 に流れる電流が抵抗 R_1 を流れる電流 I の 1/100 となるように抵抗 R_1, R_2 の値を求めよ．ただし，$R_0 = 500\,(\Omega)$ とする．

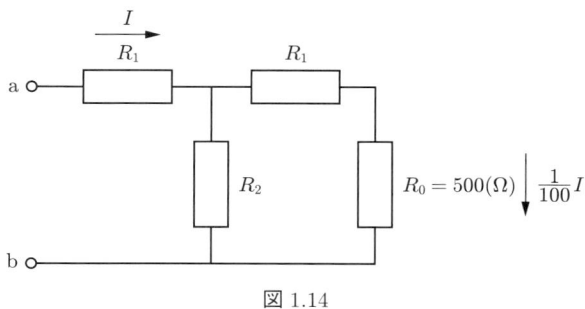

図 1.14

【演習解答】

端子 a-b 間の抵抗値は 500 (Ω) であるため，以下の式が成り立つ．

$$R_1 + \frac{R_2(R_1 + R_0)}{R_2 + (R_1 + R_0)} = 500 \tag{1.10.1}$$

抵抗 R_1 に電流 I が流れるとき，R_0 には $\frac{1}{100}I$ が流れるため，以下の式が成り立つ．

$$\frac{R_2}{R_2 + (R_1 + R_0)} I = \frac{1}{100} I \tag{1.10.2}$$

$$\therefore \quad \frac{R_2}{R_2 + (R_1 + R_0)} = \frac{1}{100} \tag{1.10.3}$$

(1.10.2) は分流の定理である．

式 (1.10.1) に式 (1.10.3) を代入すると以下の式となり，$R_0 = 500\,(\Omega)$ であることから抵抗 R_1 の値が求められる．

$$R_1 + \frac{1}{100}(R_1 + R_0) = 500$$

$$\therefore \quad R_1 = 490.1\,(\Omega) \tag{1.10.4}$$

式 (1.10.3) に $R_0 = 500\,(\Omega)$, $R_1 = 490.1\,(\Omega)$ を代入すると，抵抗 R_2 の値が求められる．

$$\frac{R_2}{R_2 + (490.1 + 500)} = \frac{1}{100}$$

$$\therefore \quad R_2 = 10\,(\Omega) \tag{1.10.5}$$

【演習 1.11】

図 1.15 の回路で，抵抗 R_1 および R_8 に流れる電流 I_1, I_8 を求めよ．なお，抵抗 R_1〜R_8 は全て $10\,(\Omega)$ とする．

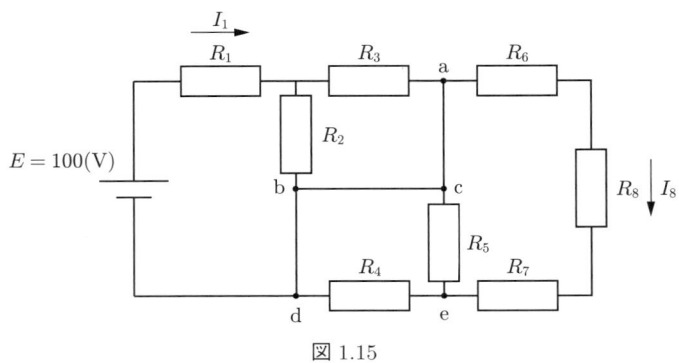

図 1.15

【演習解答】

点 a, b, c, d は，電気回路上は同じ 1 つの点である．

図 1.16 の回路は，以下の回路に変形出来る．

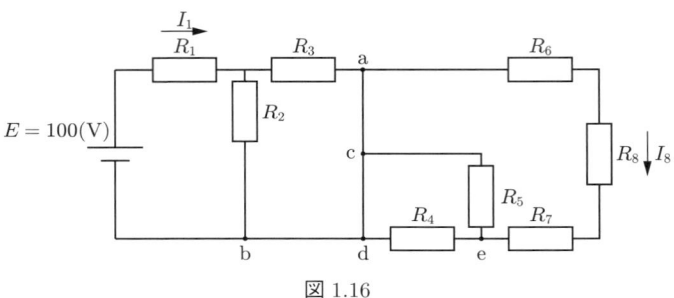

図 1.16

図 1.16 の回路は，以下の等価回路で表すことが出来る．

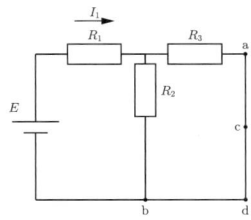

a-c-d-b 間が短絡しているため，抵抗 R_1 に流れる電流 I_1 は，抵抗 R_1, R_2, R_3 で決まり，以下となる．

$$I_1 = \frac{E}{R_1 + \frac{R_2 R_3}{R_2 + R_3}} = \frac{100}{10 + \frac{10 \cdot 10}{10 + 10}} = 6.67\,(\text{A}) \tag{1.11.1}$$

a-c-d-b 間が短絡しているため，点 a-d 間の電圧は $0\,(\text{V})$ である．そのため，抵抗 R_4〜R_8 には電圧が印加されない．このことから，抵抗 R_8 に流れる電流は以下である．

$$I_8 = 0\,(\text{A}) \tag{1.11.2}$$

第2章 キルヒホッフの法則

キルヒホッフの法則は，電気回路で (a) 電流の流れおよび (b) 電圧の分布を示した法則である．

(a) キルヒホッフの電流則（第一法則）

図 2.1 に示す回路では，点 a に電流 I_1 が流入し，電流 I_2, I_3 が流出している．キルヒホッフの電流則（第一法則）は，それらの和が 0 になることを示している（式 (1)）．

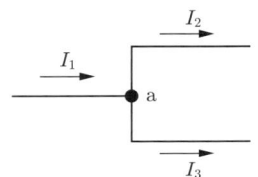

図 2.1 キルヒホッフの電流則（第一法則）

キルヒホッフの電流則では，一般的に電流の流入を正，流出を負として和を求める．
図 2.1 の回路で，キルヒホッフの電流則（式 (1)）は以下となる．

$$I_1 - I_2 - I_3 = 0$$

| キルヒホッフの電流則（第一法則） | $\sum_{i=1}^{n} I_i = 0$ | (1) |

(b) キルヒホッフの電圧則（第二法則）

キルヒホッフの電圧則（第二法則）は，閉回路内の各電圧の和が 0 となることを示している（式 (2)）．

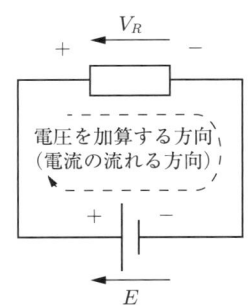

図 2.2 キルヒホッフの電圧則（第二法則）

図 2.2 の回路で，キルヒホッフの電圧則（式 (2)）は以下となる．

$$V_R - E = 0$$

| キルヒホッフの電圧則（第二法則） | $\sum_{i=1}^{n} V_i = 0$ | (2) |

以上の法則を用いた連立方程式を立てることで，回路中の電流の流れや電圧の分布を求めることが出来る．

【演習 2.1】

図 2.3 の回路で,回路を流れる電流 I,および各抵抗で発生する電圧 v_1, v_2, v_3 を求めよ.

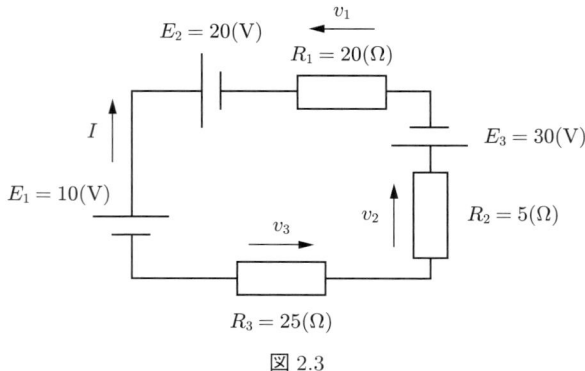

図 2.3

【演習解答】

(a) **キルヒホッフの電圧則を適用する**

図 2.3 の回路に電流 I が流れているとき,各抵抗で発生する電圧 v_1, v_2, v_3 は以下となる.

$$v_1 = R_1 I = 20I \quad v_2 = R_2 I = 5I \quad v_3 = R_3 I = 25I \tag{2.1.1}$$

図 2.3 は閉回路であるので,時計回りにキルヒホッフの電圧則を適用すると以下の式となる.

$$E_2 + v_1 - E_3 + v_2 + v_3 - E_1 = 0 \tag{2.1.2}$$

定電圧源 E_1, E_2, E_3,および各抵抗で発生する電圧(式 (2.1.1))を式 (2.1.2) に代入し,回路を流れる電流 I を求める.

$$\begin{aligned} 20 + 20I - 30 + 5I + 25I - 10 &= 0 \\ I &= \frac{-20 + 30 + 10}{20 + 5 + 25} \\ &= 0.4 \text{ (A)} \end{aligned} \tag{2.1.3}$$

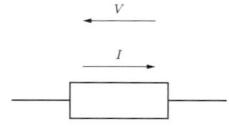

抵抗 R に電流 I が右方向に流れているとき,抵抗で発生する電圧 V は左側が正(プラス)となる.

(b) **各抵抗で発生する電圧を求める**

各抵抗には,$I = 0.4$ (A) の電流が流れているため,それぞれで発生する電圧 v_1, v_2, v_3 は式 (2.1.1) を用いて以下になる.

$$v_1 = R_1 I = 20 \cdot 0.4 = 8 \text{ (V)} \tag{2.1.4}$$

$$v_2 = R_2 I = 5 \cdot 0.4 = 2 \text{ (V)} \tag{2.1.5}$$

$$v_3 = R_3 I = 25 \cdot 0.4 = 10 \text{ (V)} \tag{2.1.6}$$

【演習 2.2】
図 2.4 の回路で，各抵抗に発生する電圧 v_1, v_2, v_3 を求めよ．

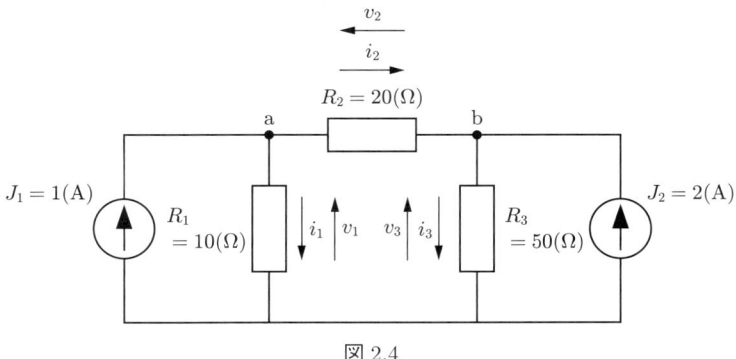

図 2.4

【演習解答】

(a) キルヒホッフの電流則を適用する

図 2.4 の各抵抗に流れる電流を i_1, i_2, i_3 と設定し，点 a,b にキルヒホッフの電流則を適用すると以下の式になる．

点 a： $J_1 - i_1 - i_2 = 0$　　　∴ $i_1 + i_2 = 1$　　　(2.2.1)

点 b： $i_2 - i_3 + J_2 = 0$　　　∴ $i_2 - i_3 = -2$　　　(2.2.2)

(b) 各抵抗に流れる電流と電圧の関係を求める

各抵抗に流れる電流 i_1, i_2, i_3 は，抵抗 R_1, R_3 に発生する電圧 v_1, v_3 を用いて表すと以下になる．

$$i_1 = \frac{v_1}{R_1} = \frac{v_1}{10} \qquad i_2 = \frac{v_2}{R_2} = \frac{v_1 - v_3}{R_2} = \frac{v_1 - v_3}{20}$$
$$i_3 = \frac{v_3}{R_3} = \frac{v_3}{50} \qquad\qquad\qquad\qquad\qquad\qquad (2.2.3)$$

抵抗 R_2 の両端電圧 v_2 は，左側を正（プラス）と設定している．そのため，v_2 は以下となる．

$$v_2 = v_1 - v_3$$

(c) 連立方程式を解くことで，各抵抗に発生する電圧を求める

各抵抗に流れる電流の式 (2.2.3) を，キルヒホッフの電流則から求めた式 (2.2.1), (2.2.2) に代入すると，以下の連立方程式になる．

$$3v_1 - v_3 = 20 \qquad\qquad (2.2.4)$$

$$5v_1 - 7v_3 = -200 \qquad\qquad (2.2.5)$$

この連立方程式から，抵抗 R_1, R_3 の両端電圧 v_1, v_3 は以下となる．

$$v_1 = 21.3\,(\mathrm{V}) \qquad v_3 = 43.8\,(\mathrm{V}) \qquad (2.2.6)$$

抵抗 R_2 の両端電圧 v_2 は，電圧 v_1, v_3 から以下の式で求められる．

$$v_2 = v_1 - v_3 = 21.3 - 43.8 = -22.5\,(\mathrm{V}) \qquad (2.2.7)$$

【演習 2.3】
図 2.5 の回路で，抵抗 R_3 に流れる電流 i_3 をキルヒホッフの法則を用いて求めよ．

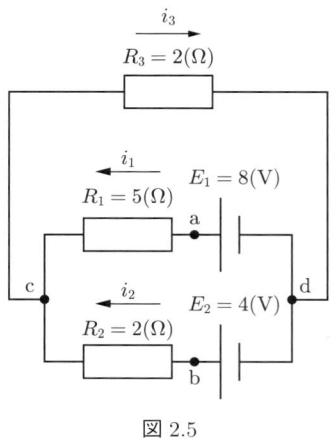

図 2.5

【演習解答】
各抵抗に流れる電流 i_1, i_2, i_3 は，点 c で以下のキルヒホッフの電流則が成り立つ．

$$i_1 + i_2 - i_3 = 0 \tag{2.3.1}$$

閉回路 acda および bcdb では，それぞれ以下のキフヒホッフの電圧則が成り立つ．

閉回路 acda： $R_1 i_1 + R_3 i_3 - E_1 = 0$
$$5i_1 + 2i_3 - 8 = 0 \tag{2.3.2}$$

閉回路 bcdb： $R_2 i_2 + R_3 i_3 - E_2 = 0$
$$2i_2 + 2i_3 - 4 = 0 \tag{2.3.3}$$

式 (2.3.1) を式 (2.3.2), (2.3.3) に代入すると，以下の連立方程式になる．

$$7i_1 + 2i_2 = 8 \qquad 2i_1 + 4i_2 = 4 \tag{2.3.4}$$

連立方程式 (2.3.4) から，抵抗 R_1, R_2 に流れる電流 i_1, i_2 は，それぞれ以下となる．

$$i_1 = 1\,(\mathrm{A}) \qquad i_2 = 0.5\,(\mathrm{A}) \tag{2.3.5}$$

点 c でのキルヒホッフの電流則（式 (2.3.1)）から，抵抗 R_3 に流れる電流 i_3 は以下となる．

$$i_3 = i_1 + i_2 = 1 + 0.5 = 1.5\,(\mathrm{A}) \tag{2.3.6}$$

閉回路 acda または bcdb の代わりに，閉回路 acbda を設定することも出来る．そのときのキルヒホッフの電圧則の式は以下である．

$R_1 i_1 - R_2 i_2 + E_2 - E_1 = 0$

【演習 2.4】
図 2.6 の回路で，点 a-b 間を流れる電流 i を求めよ．

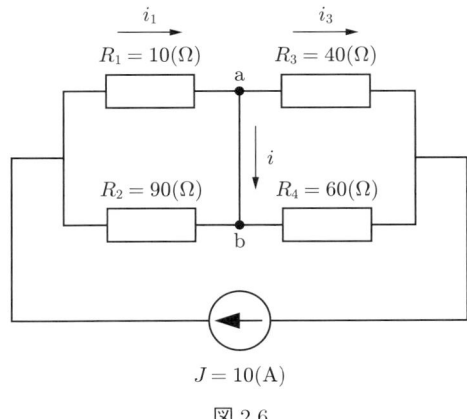

図 2.6

【演習解答】
抵抗 R_1, R_3 に流れる電流 i_1, i_3 を求めるために，図 2.6 の回路は以下の等価回路に変換できる．

図 2.7 の等価回路では，点 a-b 間に流れる電流 I を求めることが出来ない．

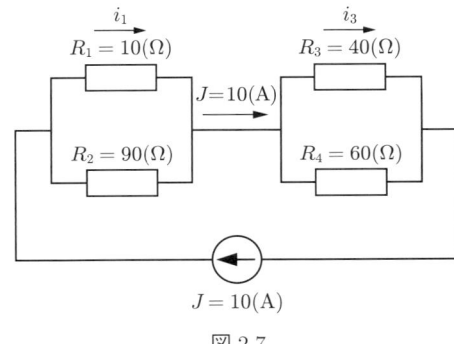

図 2.7

図 2.7 の等価回路から抵抗 R_1, R_3 に流れる電流 i_1, i_3 は，それぞれ以下となる．

$$i_1 = \frac{R_2}{R_1 + R_2} J = \frac{90}{10 + 90} 10 = 9 \,(\text{A}) \tag{2.4.1}$$

$$i_3 = \frac{R_4}{R_3 + R_4} J = \frac{60}{40 + 60} 10 = 6 \,(\text{A}) \tag{2.4.2}$$

図 2.4.1 の回路の点 a では，以下のキルヒホッフの電流側が成り立つ．そのため，点 a-b 間を流れる電流 i は以下で求められる．

$$i_1 - i_3 - i = 0 \tag{2.4.3}$$

$$\therefore \quad i = i_1 - i_3$$
$$= 9 - 6 = 3 \,(\text{A}) \tag{2.4.4}$$

図 2.8 の回路は，不平衡状態のブリッジ回路である．

【演習 2.5】
図 2.8 の回路で，抵抗 R_5 に流れる電流 i_5 をキルヒホッフの法則を用いて求めよ．

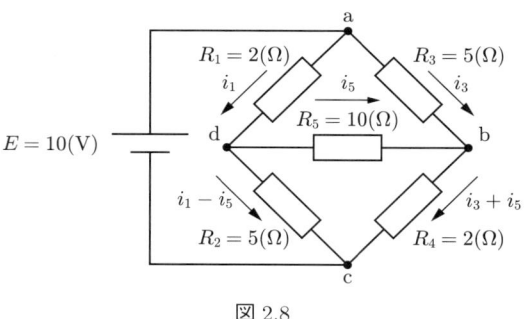

図 2.8

【演習解答】

計算を容易にするため，本解答では 3 つの電流 i_1, i_3, i_5 のみを設定した．抵抗 R_2, R_4 に流れる電流 i_2, i_4 は，キルヒホッフの電流則から求められる．

$$i_2 = i_1 - i_5$$
$$i_4 = i_3 + i_5$$

抵抗 R_1, R_3 に流れる電流をそれぞれ i_1, i_3 とし，以下の 3 つの閉回路でキルヒホッフの電圧則を適用する．

閉回路 adba： $R_1 i_1 + R_5 i_5 - R_3 i_3 = 0$

$$2i_1 + 10i_5 - 5i_3 = 0 \tag{2.5.1}$$

閉回路 dcbd： $R_2(i_1 - i_5) - R_4(i_3 + i_5) - R_5 i_5 = 0$

$$5(i_1 - i_5) - 2(i_3 + i_5) - 10i_5 = 0 \tag{2.5.2}$$

閉回路 adca： $R_1 i_1 + R_2(i_1 - i_5) - E = 0$

$$2i_1 + 5(i_1 - i_5) - 10 = 0 \tag{2.5.3}$$

式 (2.5.1), (2.5.2), (2.5.3) は，以下の連立方程式となる．

$$2i_1 - 5i_3 + 10i_5 = 0$$
$$5i_1 - 2i_3 - 17i_5 = 0$$
$$7i_1 - 5i_5 = 10 \tag{2.5.4}$$

この連立方程式を解くことで，抵抗 R_5 に流れる電流 i_5 が求められる．

$$i_5 = 0.333 \, (A) \tag{2.5.5}$$

なお，抵抗 R_1, R_3 に流れる電流 i_1, i_3 は以下である．

$$i_1 = 1.67 \, (A) \qquad i_3 = 1.33 \, (A) \tag{2.5.6}$$

第3章 閉路方程式を用いた回路解析

閉路方程式は，閉回路に対してキルヒホッフの電圧則を用いて立てた式である．電気回路および各回路素子を流れる電流は，この閉路方程式を用いて求めることが出来る．

図 3.1 の回路は 2 つの閉回路 A (a→b→d→a)，および B (c→b→d→c) で構成されている．それぞれの閉回路に流れる電流（閉路電流）を I_A, I_B としたとき，それぞれの閉回路には以下の閉路方程式が導かれる．

閉回路とは，電源から出た電流が，回路素子を流れて，電源に戻るような回路である．

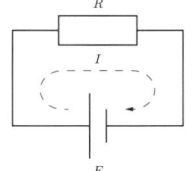

閉回路と閉路電流

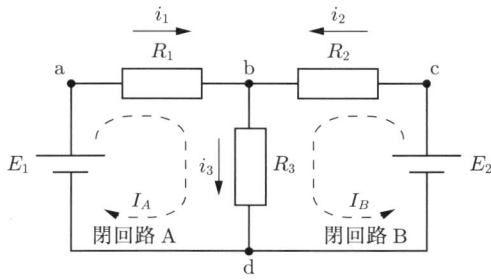

図 3.1 設定された閉路電流 I_A, I_B とその向き

図 3.1 では，抵抗に流れる電流を i_1, i_2, i_3 とし，閉路電流は I_A, I_B とした．

抵抗 R_3 には，閉路電流 I_A と I_B が流れている．

閉回路 A の閉路方程式　　$R_1 I_A + R_3(I_A + I_B) - E_1 = 0$ 　　(1)

閉回路 B の閉路方程式　　$R_2 I_B + R_3(I_B + I_A) - E_2 = 0$ 　　(2)

閉路電流 I_A, I_B は，連立方程式 (1), (2) を解くことで求められる．また，抵抗 R_1, R_2 を流れる電流 i_1, i_2 は，それぞれ閉路電流 I_A, I_B と等しいため，以下となる．

$$i_1 = I_A = \frac{E_1(R_2 + R_3) - R_3 E_2}{(R_1 + R_3)(R_2 + R_3) - R_3^2} \quad (3)$$

$$i_2 = I_B = \frac{(R_1 + R_3)E_2 - E_1 R_3}{(R_1 + R_3)(R_2 + R_3) - R_3^2} \quad (4)$$

一方，抵抗 R_3 を流れる電流 i_3 は，閉路電流 I_A と I_B の和となる．

$$\begin{aligned}
i_3 &= I_A + I_B \\
&= \frac{E_1(R_2 + R_3) - R_3 E_2}{(R_1 + R_3)(R_2 + R_3) - R_3^2} \\
&\quad + \frac{(R_1 + R_3)E_2 - E_1 R_3}{(R_1 + R_3)(R_2 + R_3) - R_3^2} \\
&= \frac{R_2 E_1 + R_1 E_2}{(R_1 + R_3)(R_2 + R_3) - R_3^2} \quad (5)
\end{aligned}$$

【演習 3.1】

図 3.2 の回路で，閉路方程式を用いて，各抵抗に流れる電流 i_1, i_2, i_3 を求めよ．また，各抵抗で消費される電力 P_1, P_2, P_3 および回路全体で消費される電力 P を求めよ．

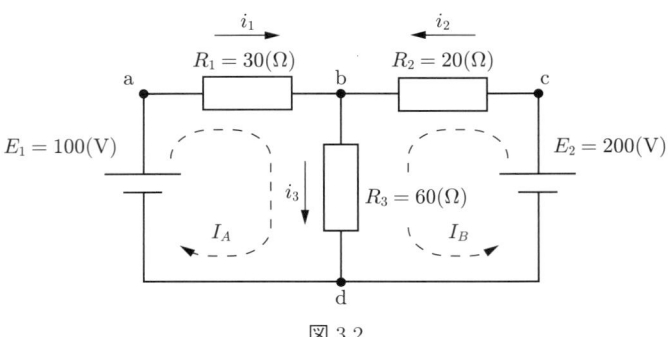

図 3.2

【演習解答】

(a) 閉路方程式を立て，閉路電流を求める

図 3.2 の回路で閉路電流 I_A, I_B を用いて，閉路方程式を立てると以下になる．

閉回路 abda：
$$R_1 I_A + R_3(I_A + I_B) - E_1 = 0$$
$$30 I_A + 60(I_A + I_B) - 100 = 0 \tag{3.1.1}$$

閉回路 cbdc：
$$R_2 I_B + R_3(I_B + I_A) - E_2 = 0$$
$$20 I_B + 60(I_B + I_A) - 200 = 0 \tag{3.1.2}$$

これらの式をまとめると以下の連立方程式になる．

$$90 I_A + 60 I_B = 100$$
$$60 I_A + 80 I_B = 200 \tag{3.1.3}$$

この連立方程式から，閉路電流 I_A, I_B を求めると以下になる．

$$I_A = -1.11 \, (\text{A})$$
$$I_B = 3.33 \, (\text{A}) \tag{3.1.4}$$

抵抗 R_1 を流れる電流 i_1 は負の値である．このことは，電流が矢印と逆の方向（右から左）に流れることを示している．

(b) 閉路電流から各抵抗に流れる電流を求める

抵抗 R_1, R_2 を流れる電流 i_1, i_2 は，閉路電流 I_A, I_B と同じであるため，以下となる．

$$i_1 = I_A = -1.11 \, (\text{A}) \tag{3.1.5}$$
$$i_2 = I_B = 3.33 \, (\text{A}) \tag{3.1.6}$$

抵抗 R_3 には，閉路電流 I_A と I_B が，電流 i_3 の設定と同じ方向に流れているため，電流 i_3 は I_A と I_B の和となる．

$$i_3 = I_A + I_B = -1.11 + 3.33 = 2.22 \,(\text{A}) \tag{3.1.7}$$

(c) 各抵抗で消費される電力を求める

抵抗 R_1 には電流 i_1 が流れるため，そこで消費される電力 P_1 は以下で求められる．また，抵抗 R_2, R_3 で消費される電力も同様に求められる．

$$P_1 = R_1 \cdot |i_1|^2 = 30 \cdot |-1.11|^2 = 37.0 \,(\text{W}) \tag{3.1.8}$$
$$P_2 = R_2 \cdot |i_2|^2 = 20 \cdot |3.33|^2 = 222 \,(\text{W}) \tag{3.1.9}$$
$$P_3 = R_3 \cdot |i_3|^2 = 60 \cdot |2.22|^2 = 296 \,(\text{W}) \tag{3.1.10}$$

(d) 回路全体で消費される電力 P を求める

回路全体で消費される電力 P は各抵抗で消費される電力の和である．

$$\begin{aligned} P &= P_1 + P_2 + P_3 = 37.0 + 222 + 296 \\ &= 555 \,(\text{W}) \end{aligned} \tag{3.1.11}$$

【演習 3.2】

図 3.3 に示す回路の各回路素子に流れる電流 I_1, I_2, I_3 を閉路方程式を用いて求めよ．ただし，交流電圧源 E_1, E_2 の周波数は $f = 50\,(\mathrm{Hz})$ とする．

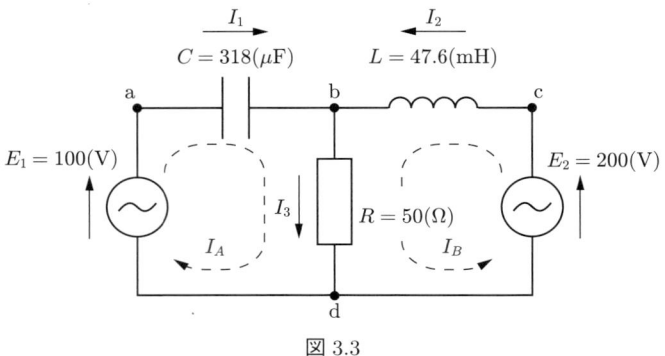

図 3.3

【演習解答】

(a) コンデンサ，コイルのリアクタンスを求める

コンデンサ C およびコイル L のリアクタンス jX_C, jX_L は以下である．

$$jX_C = -j\frac{1}{\omega C} = -j\frac{1}{2\pi \cdot 50 \cdot 318 \times 10^{-6}} = -j10\,(\Omega) \quad (3.2.1)$$

$$jX_L = j\omega L = j2\pi \cdot 50 \cdot 47.6 \times 10^{-3} = j15\,(\Omega) \quad (3.2.2)$$

(b) 閉路方程式を立てる

図 3.3 の回路で閉路電流 I_A, I_B を用いて，閉路方程式を立てると以下になる．

閉回路 abda： $jX_C I_A + R(I_A + I_B) - E_1 = 0$

$-j10 I_A + 50(I_A + I_B) - 100 = 0 \quad (3.2.3)$

閉回路 cbdc： $jX_L I_B + R(I_B + I_A) - E_2 = 0$

$j15 I_B + 50(I_B + I_A) - 200 = 0 \quad (3.2.4)$

これらの式をまとめると以下の連立方程式になる．

$(50 - j10)I_A + 50 I_B = 100$

$50 I_A + (50 + j15)I_B = 200 \quad (3.2.5)$

(c) 連立方程式を解く

閉路電流 I_A, I_B を求めるために，連立方程式 (3.2.5) を行列に書き換え

る.

$$\begin{pmatrix} 50-j10 & 50 \\ 50 & 50+j15 \end{pmatrix} \begin{pmatrix} I_A \\ I_B \end{pmatrix} = \begin{pmatrix} 100 \\ 200 \end{pmatrix} \quad (3.2.6)$$

クラーメルの公式を用いて，閉路電流 I_A, I_B を求める.

$$I_A = \frac{\begin{vmatrix} 100 & 50 \\ 200 & 50+j15 \end{vmatrix}}{\begin{vmatrix} 50-j10 & 50 \\ 50 & 50+j15 \end{vmatrix}} = \frac{100 \cdot (50+j15) - 50 \cdot 200}{(50-j10) \cdot (50+j15) - 50 \cdot 50}$$

$$= -4.41 + j17.4$$

$$= 18.0\angle 104° \text{ (A)} \quad (3.2.7)$$

式 (3.2.7) は以下のように表すことも出来る.

$I_A = 18.0\angle 104°$
$\quad = -(18.0\angle (104° - 180°))$
$\quad = -(18.0\angle -76°)$ (A)

電流 I_A のフェーザ図は以下である.

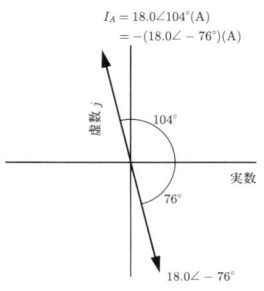

$$I_B = \frac{\begin{vmatrix} 50-j10 & 100 \\ 50 & 200 \end{vmatrix}}{\begin{vmatrix} 50-j10 & 50 \\ 50 & 50+j15 \end{vmatrix}} = \frac{(50-j10) \cdot 200 - 100 \cdot 50}{(50-j10) \cdot (50+j15) - 50 \cdot 50}$$

$$= 2.94 - j18.2$$

$$= 18.4\angle -81° \text{ (A)}$$

$$(3.2.8)$$

コンデンサ C およびコイル L に流れる電流 I_1, I_2 は，閉路電流 I_A, I_B と同じであるため，以下となる.

$$I_1 = I_A = 18\angle 104° \text{ (A)}$$
$$I_2 = I_B = 18.4\angle -81° \text{ (A)} \quad (3.2.9)$$

抵抗 R には，閉路電流 I_A と I_B が，電流 I_3 の設定と同じ方向に流れているため，電流 I_3 は以下となる.

$$I_3 = I_A + I_B = (-4.41 + j17.4) + (2.94 - j18.2)$$
$$= -1.47 - j0.8$$
$$= 1.67\angle -151° \text{ (A)} \quad (3.2.10)$$

式 (3.2.10) は以下のように表すことも出来る.

$I_3 = 1.67\angle -151°$
$\quad = -(1.67\angle (-151° + 180°))$
$\quad = -(1.67\angle 29°)$ (A)

電流 I_3 のフェーザ図は以下である.

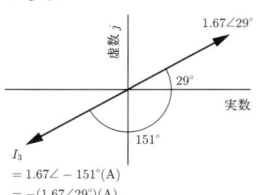

【演習 3.3】

図 3.4 の回路で，抵抗 R_3 に流れる電流が $i_3 = 0$ となる条件を求めよ．

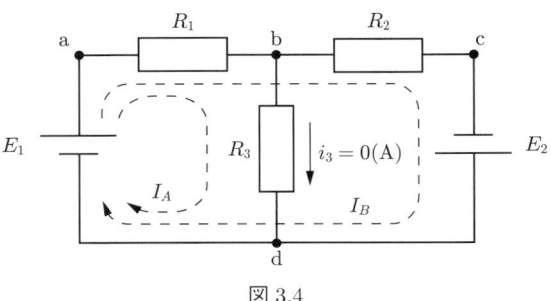

図 3.4

【演習解答】

(a) 閉路方程式を立て，閉路電流を求める

図 3.4 の回路で閉路電流 I_A, I_B を用いて，閉路方程式を立てると以下になる．

閉回路 abda ： $R_1(I_A + I_B) + R_3 I_A - E_1 = 0$

閉回路 abcda ： $R_1(I_B + I_A) + R_2 I_B - E_2 - E_1 = 0$ (3.3.1)

これらの閉路方程式から，閉路電流 I_A は以下である．

$$I_A = \frac{R_2 E_1 - R_1 E_2}{(R_1 + R_3)(R_1 + R_2) - R_1{}^2} \tag{3.3.2}$$

本問題は，抵抗 R_3 に流れる電流 i_3 を求めることが目的である．そのため，抵抗 R_3 には 1 つの閉路電流のみが流れるように閉回路を設定すると，計算が容易になる．

(b) 抵抗 R_3 に流れる電流が $i_3 = 0$ となる条件を求める

抵抗 R_3 に流れる電流 i_3 は閉路電流 I_A と等しいため，$I_A = 0$ となる条件を求める．

$$i_3 = I_A = \frac{R_2 E_1 - R_1 E_2}{(R_1 + R_3)(R_1 + R_2) - R_1{}^2} = 0 \tag{3.3.3}$$

以上から，抵抗 R_3 に流れる電流が $i_3 = 0$ となる条件は以下である．

$$R_2 E_1 - R_1 E_2 = 0 \tag{3.3.4}$$

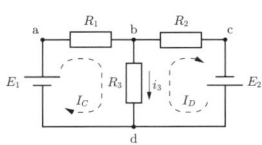

■別解 閉回路 abda に対して閉路電流 I_C，閉路 cdbc に対して閉路電流 I_D を設定する．$i_3 = 0$ となる条件は，これらの閉路電流が以下のときである．

$$i_3 = I_C - I_D = 0 \tag{3.3.5}$$

この解法は，2 つの閉路電流 I_C, I_D を計算する必要があるため，複雑となる．

【演習 3.4】

図 3.5 に示す回路で各抵抗に流れる電流 i_1, i_2, i_3 を求めよ.

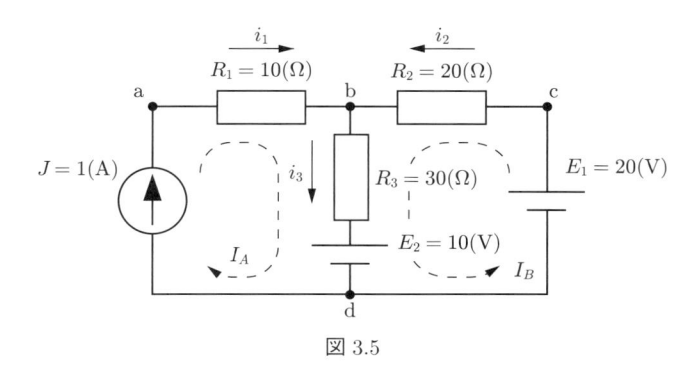

図 3.5

【演習解答】

(a) 閉路電流 I_A を求める

閉回路 abda に存在する定電流源は，J のみである．そのため，閉路電流 I_A は定電流源 J と等しい．

$$I_A = J = 1\,(\mathrm{A}) \tag{3.4.1}$$

(b) 閉路電流 I_B を求める

閉回路 cbdc に対してキルヒホッフの電圧則を適用すると以下になる．

閉回路 cbdc : $\quad R_2 I_B + R_3(I_B + I_A) + E_2 - E_1 = 0$

$$20 I_B + 30(I_B + I_A) + 10 - 20 = 0 \tag{3.4.2}$$

閉路電流 I_A は 1 (A) であることから，閉路電流 I_B は以下となる．

$$20 I_B + 30(I_B + 1) + 10 - 20 = 0$$

$$\therefore \quad I_B = \frac{-30 - 10 + 20}{20 + 30} = -0.4\,(\mathrm{A}) \tag{3.4.3}$$

(c) 各抵抗に流れる電流を求める

各抵抗に流れる電流 i_1, i_2, i_3 は，これらと閉路電流 I_A, I_B の関係から以下となる．

$$i_1 = I_A = 1\,(\mathrm{A}) \tag{3.4.4}$$

$$i_2 = I_B = -0.4\,(\mathrm{A}) \tag{3.4.5}$$

$$i_3 = I_A + I_B = 1 + (-0.4) = 0.6\,(\mathrm{A}) \tag{3.4.6}$$

閉回路 abda は，以下である．

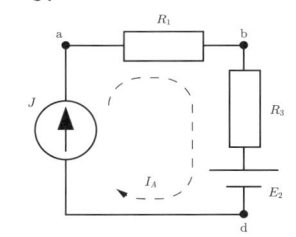

閉路電流 I_A は，定電流源で決まる．一方，定電流源の出力電圧 E_{out} が分からないため，キルヒホッフの電圧則を適用することが出来ない．

定電流源の出力電圧 E_{out} は，各抵抗を流れる電流と定電圧源を用いて，以下で求められる．

$$E_{out} = E_2 + R_3 i_3 + R_1 i_1$$

三相交流回路では，各線に流れる電流（線電流）を I_a, I_b, I_c と表す．そのため，本演習問題では閉路電流を I_1, I_2 とした．

【演習 3.5】
図 3.6 に示す三相交流回路がある．閉路電流 I_1, I_2 を用いて閉路方程式を立て，各線に流れる電流 I_a, I_b, I_c を求めよ．

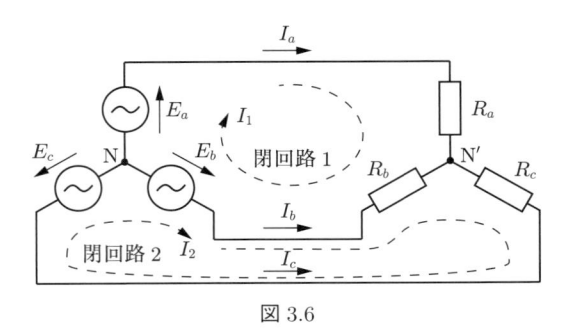

図 3.6

【演習解答】
(a) 閉路方程式を立てる

図 3.6 の閉回路 1,2 に対し，閉路方程式を立てると以下になる．

閉回路 1： $R_a I_1 + R_b(I_1 - I_2) + E_b - E_a = 0$

閉回路 2： $R_b(I_2 - I_1) + R_c I_2 + E_c - E_b = 0$ (3.5.1)

(b) 閉路方程式を解き，閉路電流を求める

連立方程式 (3.5.1) を解くと，閉路電流 I_1, I_2 は以下になる．

$$I_1 = \frac{\begin{vmatrix} E_a - E_b & -R_b \\ E_b - E_c & R_b + R_c \end{vmatrix}}{\begin{vmatrix} R_a + R_b & -R_b \\ -R_b & R_b + R_c \end{vmatrix}} = \frac{(R_b + R_c)E_a - R_c E_b - R_b E_c}{R_a R_b + R_b R_c + R_c R_a}$$

(3.5.2)

$$I_2 = \frac{\begin{vmatrix} R_a + R_b & E_a - E_b \\ -R_b & E_b - E_c \end{vmatrix}}{\begin{vmatrix} R_a + R_b & -R_b \\ -R_b & R_b + R_c \end{vmatrix}} = \frac{R_b E_a + R_a E_b - (R_a + R_b)E_c}{R_a R_b + R_b R_c + R_c R_a}$$

(3.5.3)

各線に流れる電流 I_a, I_b, I_c は，閉路電流 I_1, I_2 から以下である．

$$I_a = I_1 = \frac{(R_b + R_c)E_a - R_c E_b - R_b E_c}{R_a R_b + R_b R_c + R_c R_a} \quad (3.5.4)$$

$$I_b = -I_1 + I_2 = \frac{-R_c E_a + (R_a + R_c)E_b - R_a E_c}{R_a R_b + R_b R_c + R_c R_a} \quad (3.5.5)$$

$$I_c = -I_2 = \frac{-R_b E_a - R_a E_b + (R_a + R_b)E_c}{R_a R_b + R_b R_c + R_c R_a} \quad (3.5.6)$$

第4章 等価電圧源，等価電流源

等価電圧源，等価電流源は，現実に存在する電源の電気的特性を電気回路を用いて表現する方法である．

(a) **等価電圧源**

等価電圧源は，定電圧源 E_0 と内部抵抗 r_0 を直列接続した回路である（図 4.1）．電源から電流 I_{out} が出力され，外部抵抗（負荷）に流れると，出力電圧 V_{out} は式 (1) になる．

図 4.1　等価電圧源

電流 I_{out} は，以下の式で決まる．

$$I_{out} = \frac{E_0}{r_0 + R}$$

式 (1) は，出力電圧 V_{out} が，定電圧源 E_0 から内部抵抗で発生する電圧 v_r だけ減少することで決まることを示している．

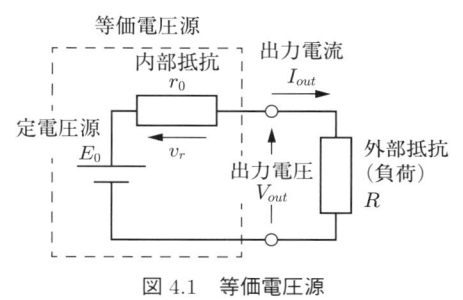

> 等価電圧源の出力電圧　　$V_{out} = E_0 - v_r = E_0 - r_0 I_{out}$ 　　(1)

(b) **等価電流源**

等価電流源は，定電流源 J_0 と内部抵抗 r_0 を並列接続した回路である（図 4.2）．電源から電圧 V_{out} が出力され，外部抵抗（負荷）に電圧が印加されると，出力電流 I_{out} は式 (2) になる．

図 4.2　等価電流源

電圧 V_{out} は，以下の式で決まる．

$$V_{out} = \frac{r_0 \cdot R}{r_0 + R} J_0$$

式 (2) は，出力電流 I_{out} が，定電流源 J_0 から内部抵抗に流れる電流 I_r だけ減少することで決まること示している．

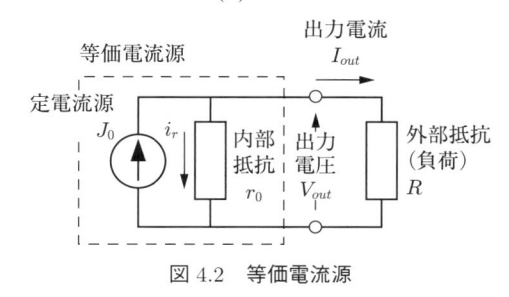

> 等価電流源の出力電流　　$I_{out} = J_0 - i_r = J_0 - \dfrac{V_{out}}{r_0}$ 　　(2)

【演習 4.1】
図 4.3 に示すように，内部抵抗が r_1 および r_2 である電圧源が直列に接続されている．外部抵抗（負荷）R を接続した場合に外部抵抗（負荷）に印加される電圧 V_R を求めよ．また，外部抵抗（負荷）で消費される電力 P_R，各内部抵抗で消費される電力 P_1, P_2 を求めよ．

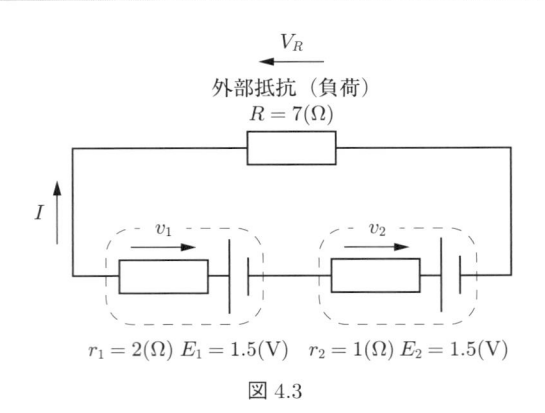

図 4.3

【演習解答】
(a) 回路に流れる電流を求める

回路に流れる電流 I は，定電圧源の和 (E_1+E_2)，内部抵抗の和 (r_1+r_2) および外部抵抗（負荷）R から求められる．

$$I = \frac{E_1 + E_2}{r_1 + r_2 + R} = \frac{1.5 + 1.5}{2 + 1 + 7} = 0.3 \,(\text{A}) \tag{4.1.1}$$

(b) 外部抵抗（負荷）に印加される電圧を求める

外部抵抗（負荷）に印加される電圧 V_R は，定電圧源の和 $(E_1 + E_2)$ から，内部抵抗に電流 I が流れることで発生する電圧 v_1, v_2 を引くことで求められる．

等価電圧源の内部抵抗が高い場合，出力電圧の降下が大きく，内部抵抗で消費される電力（電力損失）が大きくなる．

$$\begin{aligned} V_R &= (E_1 + E_2) - (v_1 + v_2) \\ &= (E_1 + E_2) - (r_1 I + r_2 I) \\ &= (1.5 + 1.5) - (2 \cdot 0.3 + 1 \cdot 0.3) \\ &= 2.1 \,(\text{V}) \end{aligned} \tag{4.1.2}$$

理想的な電圧源の内部抵抗は，$0\,(\Omega)$ に近いことである．

(c) 各抵抗で消費される電力を求める

電流 I が各抵抗に流れることで消費される電力 P_R, P_1, P_2 は，以下となる．

$$P_R = R|I|^2 = 7 \cdot 0.3^2 = 0.63 \,(\text{W}) \tag{4.1.3}$$
$$P_1 = r_1|I|^2 = 2 \cdot 0.3^2 = 0.18 \,(\text{W}) \tag{4.1.4}$$
$$P_2 = r_2|I|^2 = 1 \cdot 0.3^2 = 0.09 \,(\text{W}) \tag{4.1.5}$$

【演習 4.2】
図 4.4 に示すように，定電圧源 E_0 および内部抵抗 r_0 で表現される電圧源を n 個並列に接続したときに，負荷 R への最大供給電力 P_R を求めよ．

乾電池などの電源の並列接続は，図 4.4 の回路となる．

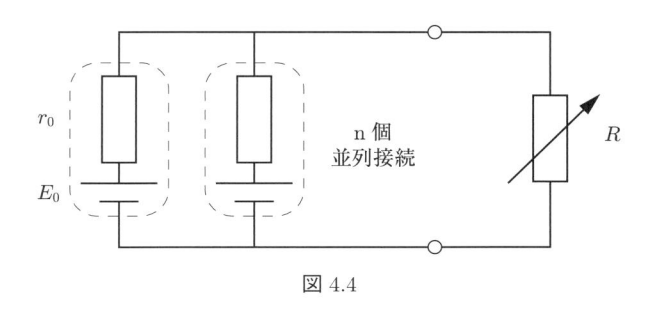

図 4.4

【演習解答】

(a) 合成電圧および合成内部抵抗を求める

n 個の電圧源を並列接続した場合，合成電圧 E_{sum} は変化しない．一方，内部抵抗の合成値 r_{sum} は以下となる．

並列接続する定電圧源の値および内部抵抗が異なる場合は，合成電圧 E_{sum} はミルマンの定理を用いて求める．

$$E_{sum} = E_0 \tag{4.2.1}$$

$$\frac{1}{r_{sum}} = \frac{1}{r_0} + \frac{1}{r_0} + \cdots = \frac{n}{r_0} \qquad \therefore r_{sum} = \frac{r_0}{n} \tag{4.2.2}$$

(b) 等価電圧源を求める

n 個の電圧源を並列接続した場合の等価電圧源は，図 4.5 となる．

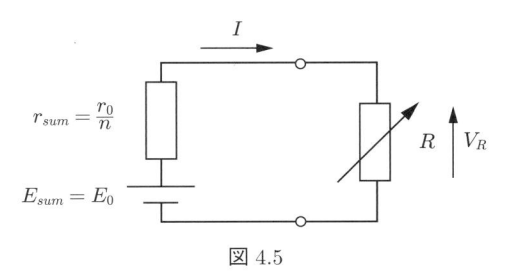

電圧源の並列接続は，合成内部抵抗が小さくなることで，供給電力が増加する．

図 4.5

等価電圧源からの供給電力が最大となる条件は，負荷 R と合成内部抵抗 $\frac{r_0}{n}$ が等しいことである $\left(R = \frac{r_0}{n}\right)$．そのときに回路を流れる電流 I と負荷に印加される電圧 V_R から，最大供給電力 P_R を求める．

$$\begin{aligned}
P_R &= V_R \cdot I = \frac{R}{r_{sum} + R} E_{sum} \cdot \frac{E_{sum}}{r_{sum} + R} = \frac{R \cdot E_{sum}^2}{(r_{sum} + R)^2} \\
&= \frac{\frac{r_0}{n} \cdot E_0^2}{\left(\frac{r_0}{n} + \frac{r_0}{n}\right)^2} \\
&= n\frac{E_0^2}{4r_0} \tag{4.2.3}
\end{aligned}$$

【演習 4.3】
図 4.6 の回路で，抵抗 R に流れる電流 I を，等価電流源を等価電圧源に変換することで求めよ．

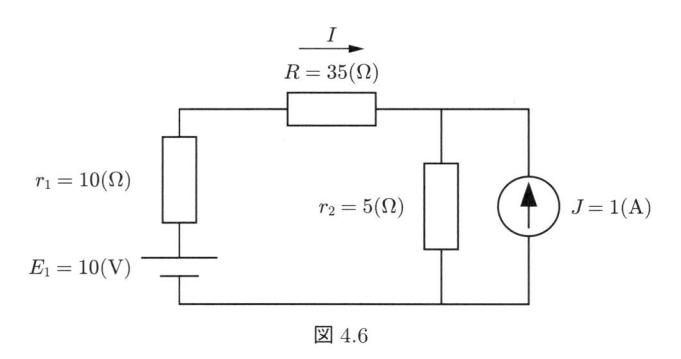

図 4.6

【演習解答】
(a) 等価電流源を等価電圧源に変換する

定電流源 J と抵抗 r_2 で構成されている等価電流源を等価電圧源に変換する場合，その定電圧源 E_2 は以下の値となり，変換後の回路は図 4.7 になる．

$$E_2 = r_2 J = 5 \cdot 1 = 5 \,(\text{V}) \tag{4.3.1}$$

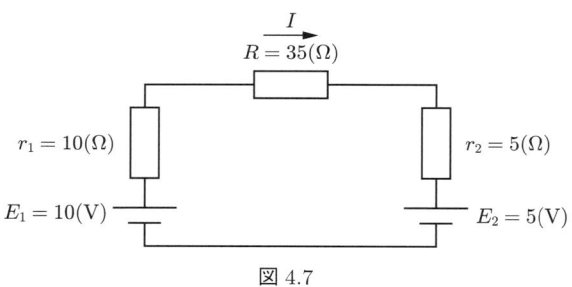

図 4.7

等価電圧源を等価電流源に変換することで，電流 I を求めることもできる．その場合の定電流源の値 J_1 および回路図は以下となる．

$$J_1 = \frac{E_1}{r_1} = 1\,(\text{A})$$

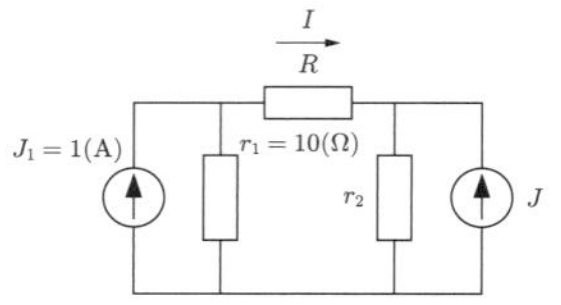

(b) 抵抗 R に流れる電流を求める

図 4.7 から抵抗 R に流れる電流 I は，以下の式で求められる．

$$I = \frac{E_1 - E_2}{r_1 + R + r_2} = \frac{10 - 5}{10 + 35 + 5}$$
$$= 0.1\,(\text{A}) \tag{4.3.2}$$

【演習 4.4】

図 4.8 の回路を等価電圧源の回路に変換し，その定電圧源 E_0 および内部抵抗 r_0 を求めよ．

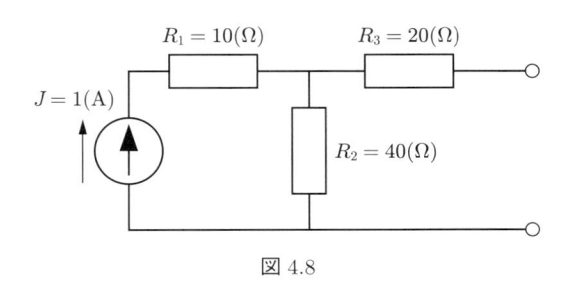

図 4.8

【演習解答】

(a) 等価電圧源の定電圧源を求める

等価電圧源を構成する定電圧源 E_0 の値は，図 4.8 の電源回路の開放電圧 V_o と等しい（図 4.9）．定電流源からの電流 J は，抵抗 R_2 に流れ，抵抗には電圧が発生する．その電圧は開放電圧 V_o に等しい（抵抗 R_3 には電流が流れないため，電圧は発生しない．そのため，開放電圧 V_o は，抵抗 R_2 で発生する電圧と等しい）．

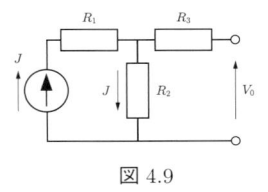

$$E_0 = V_o = R_2 J = 40 \cdot 1 = 40 \text{ (V)} \tag{4.4.1}$$

図 4.9

(b) 等価電流源の内部抵抗を求める

図 4.4 の回路を短絡した場合（図 4.10），そこに流れる電流 I_s（短絡電流）は以下となる．

$$I_s = \frac{R_2}{R_2 + R_3} J = \frac{40}{40 + 20} 1 = 0.667 \text{ (A)} \tag{4.4.2}$$

内部抵抗 r_0 は，定電圧源 E_0 および短絡電流 I_s から以下となる．

$$r_0 = \frac{E_0}{I_s} = \frac{40}{0.667} = 60 \text{ (}\Omega\text{)} \tag{4.4.3}$$

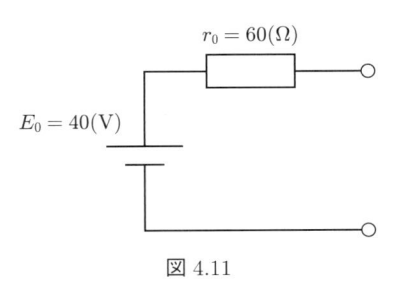

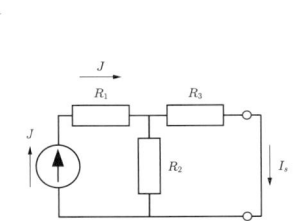

図 4.10

(c) 等価電圧源を描く

以上で求めた定電圧源 E_0 および内部抵抗 r_0 を用いて，等価電圧源を描くと図 4.11 になる．

図 4.11

■**別解** 等価電圧源の内部抵抗 r_0 は，図 4.8 から定電流源を除去した回路の合成抵抗に等しい．
定電流源の除去とは，開放状態にすることである．

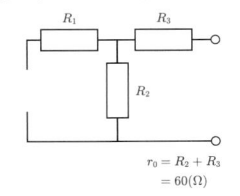

$r_0 = R_2 + R_3 = 60(\Omega)$

【演習 4.5】

図 4.12 に示す電源で,外部抵抗(負荷) R に印加される電圧 V_R を求めよ.また,外部抵抗(負荷)および各内部抵抗で消費される電力 P_R, P_1, P_2 を求めよ.

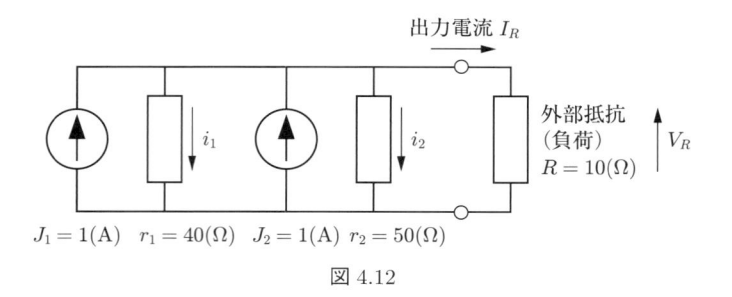

図 4.12

【演習解答】

(a) 外部抵抗に印加される電圧を求める

内部抵抗と外部抵抗は全て並列に接続されているため,その合成抵抗 R_{sum} は以下となる.

$$R_{sum} = \frac{r_1 r_2 R}{r_1 r_2 + r_2 R + R r_1} = 6.9 \, (\Omega) \tag{4.5.1}$$

図 4.12 の回路は,定電流源の和 ($J_1 + J_2$) と合成抵抗 R_{sum} で構成される等価回路(図 4.13)に変換できる.

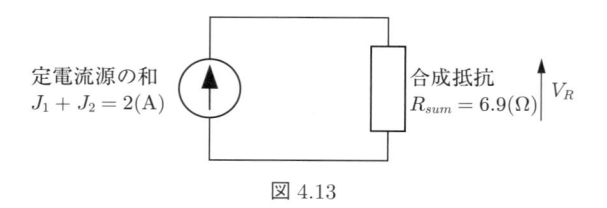

式 (4.5.1) は以下の式から導かれる.
$$\frac{1}{R_{sum}} = \frac{1}{r_1} + \frac{1}{r_2} + \frac{1}{R}$$

図 4.13

外部抵抗 R に印加される電圧 V_R は,図 4.13 の等価回路から以下で求められる.

$$V_R = R_{sum}(J_1 + J_2) = 6.9(1+1) = 13.8 \, (\text{V}) \tag{4.5.2}$$

(b) 各抵抗で消費される電力を求める

各抵抗 R, r_1, r_2 には電圧 V_R が印加されているため,それぞれで消費される電力 P_R, P_1, P_2 は以下となる.

等価電流源の内部抵抗が小さい場合,内部抵抗で消費される電力(電力損失)が大きくなる.

理想的な電流源の内部抵抗は,無限大に大きいことである.

$$P_R = V_R \cdot I_R = V_R \cdot \frac{V_R}{R} = 13.8 \frac{13.8}{10} = 19.0 \, (\text{W}) \tag{4.5.3}$$

$$P_1 = V_R \cdot i_1 = V_R \cdot \frac{V_R}{r_1} = 13.8 \frac{13.8}{40} = 4.76 \, (\text{W}) \tag{4.5.4}$$

$$P_2 = V_R \cdot i_2 = V_R \cdot \frac{V_R}{r_2} = 13.8 \frac{13.8}{50} = 3.81 \, (\text{W}) \tag{4.5.5}$$

【演習 4.6】

図 4.14 に示す等価電圧源で外部抵抗（負荷）R が変化したとき，内部抵抗 r_0 および外部抵抗 R で消費される電力 P_r, P_R を比較せよ．

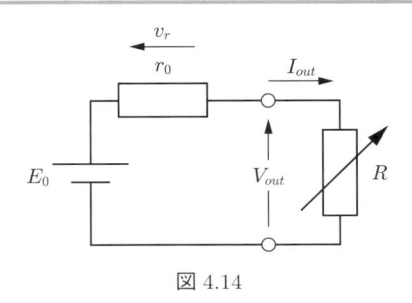

図 4.14

以下の回路記号は，可変抵抗器を表している．可変抵抗器は，抵抗値を変化させることが出来る回路素子である．

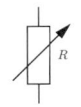

【演習解答】

図 4.14 の等価電圧源から出力される電流 I_{out} は以下となる．

$$I_{out} = \frac{E_0}{r_0 + R} \tag{4.6.1}$$

内部抵抗 r_0 および外部抵抗 R に印加されている電圧 v_r, V_{out} は，それぞれ以下となる．

$$v_r = \frac{r_0}{r_0 + R} E_0 \qquad V_{out} = \frac{R}{r_0 + R} E_0 \tag{4.6.2}$$

各抵抗の印加電圧（式 (4.6.2)）は，分圧の定理を用いて求めている．

式 (4.6.1), (4.6.2) から，内部抵抗 r_0 および外部抵抗 R で消費される電力 P_r, P_R は以下である．

$$P_r = v_r \cdot I_{out} = \frac{r_0}{(r_0 + R)^2} E_0^{\,2} \tag{4.6.3}$$

$$P_R = V_{out} \cdot I_{out} = \frac{R}{(r_0 + R)^2} E_0^{\,2} \tag{4.6.4}$$

外部抵抗 R に対するそれぞれの電力の変化を表すと図 4.15 になる．

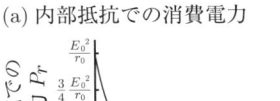

(a) 内部抵抗での消費電力　(b) 外部抵抗（負荷）での消費電力

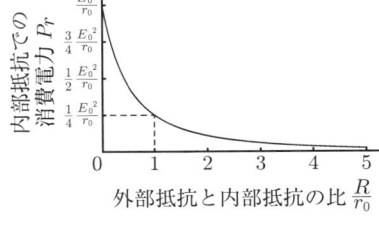

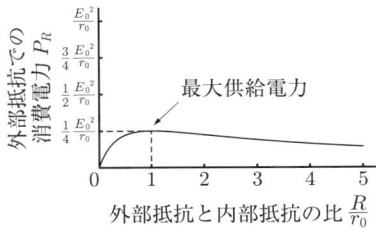

図 4.15

図 4.15 から，外部抵抗が内部抵抗に比べて小さい場合 ($R < r_0$)，内部抵抗の方がより多くの電力を消費（損失）する ($P_R < P_r$)．

内部抵抗での電力損失を減らすためには，内部抵抗は外部抵抗（負荷）より小さくする必要がある ($R > r_0$)．

内部抵抗で消費される電力 P_r は，外部抵抗（負荷）R を増加させると減少する．一方，外部抵抗 R で消費される電力 P_R は，内部抵抗と外部抵抗が等しい ($R = r_0$) ときに最大となる．そのとき，外部抵抗および内部抵抗で消費される電力は等しくなる $\left(P_R = P_r = \frac{E_0^{\,2}}{4r_0}\right)$．

【演習 4.7】

図 4.16 に示す等価電流源に外部抵抗（負荷）R を接続し，外部抵抗で消費される電力が最大になる条件を求めよ．

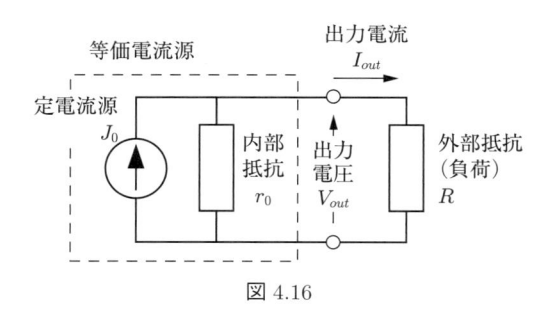

図 4.16

【演習解答】

(a) 外部抵抗が R であるときの消費電力を求める

外部抵抗（負荷）が R であるとき，そこで消費される電力 P_R は出力電圧 V_{out}，出力電流 I_{out} の積となる．

$$P_R = V_{out} \cdot I_{out} = \frac{r_0 R}{r_0 + R} J_0 \cdot \frac{r_0}{r_0 + R} J_0$$
$$= \frac{r_0^2 R}{(r_0 + R)^2} J_0^2 \tag{4.7.1}$$

(b) 消費電力が最大となる外部抵抗 R の値を求める

外部抵抗（負荷）R で消費される電力 P_R が最大になる条件は，消費電力 P_R を外部抵抗 R で微分し，その値を 0 にすることで求められる．

$$\begin{aligned}\frac{dP_R}{dR} &= \frac{d}{dR} \frac{r_0^2 R}{(r_0 + R)^2} J_0^2 \\ &= \frac{r_0^2 (r_0 + R)^2 - r_0^2 R \cdot 2 \cdot (r_0 + R)}{(r_0 + R)^4} J_0^2 \\ &= r_0^2 \frac{r_0 - R}{(r_0 + R)^3} J_0^2 = 0 \end{aligned} \tag{4.7.2}$$

式 (4.7.2) から，外部抵抗で消費される電力が最大になる条件は，以下となる．

$$R = r_0 \tag{4.7.3}$$

(c) 最大消費電力を求める

消費電力が最大となる条件 ($R = r_0$) を消費電力の式 (4.7.1) に代入することで，外部負荷で消費される電力の最大値 P_{max} が求められる．

$$P_{max} = \frac{r_0^2 r_0}{(r_0 + r_0)^2} J_0^2 = \frac{r_0 J_0^2}{4}$$

等価電流源の内部抵抗が r_{01}, r_{02} であるとき ($r_{01} < r_{02}$)，外部抵抗と消費電力の関係は以下である．

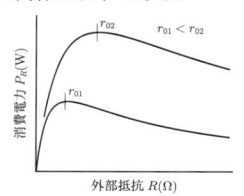

等価電流源では，内部抵抗が高い方が最大供給電力は高くなる（等価電圧源では，内部抵抗が低い方が最大供給電力の値は高い）．

外部抵抗（負荷）R が内部抵抗 r_0 と等しいとき ($R = r_0$)，外部抵抗で消費される電力 P_R は最大となる．この条件は，等価電圧源と同じである．

第5章 正弦波交流回路

正弦波交流回路は，式 (1) に示すような時刻 t (秒) の経過とともに周期的に変化する電流（交流電流）$i(t)$ が流れている回路である．

交流電流 $\quad i(t) = I_m \sin(\omega t + \theta) \qquad (1)$

式 (1) に示される交流電流 $i(t)$ が，抵抗 R，コイル L，コンデンサ C に流れた場合，それぞれの回路素子には，以下の交流電圧が発生する．

抵抗に発生する電圧

$$v_R(t) = Ri(t) = R \cdot I_m \sin(\omega t + \theta) \qquad (2)$$

コイルに発生する電圧

$$v_L(t) = L\frac{di(t)}{dt} = \omega L \cdot I_m \sin\left(\omega t + \theta + \frac{\pi}{2}\right) \qquad (3)$$

コンデンサに発生する電圧

$$v_C(t) = \frac{1}{C} \int i(t)dt = \frac{1}{\omega C} \cdot I_m \sin\left(\omega t + \theta - \frac{\pi}{2}\right) \qquad (4)$$

抵抗 R に交流電流が流れた場合，その電流と電圧の位相は等しい（同位相）．一方，コイル L およびコンデンサ C では，電流と電圧の間に $90°$ ($\frac{\pi}{2}$ (rad)) の位相差が発生する．

コイル L およびコンデンサ C の電気の流れづらさは，それぞれ誘導性リアクタンス X_L，容量性リアクタンス X_C と呼ばれる．

誘導性リアクタンス $\quad X_L = \omega L \qquad (5)$

容量性リアクタンス $\quad X_C = \dfrac{1}{\omega C} \qquad (6)$

交流回路で電気の流れづらさは，インピーダンス Z で示される．インピーダンス Z は，抵抗成分 R とリアクタンス成分 X で構成される．

インピーダンス $\quad Z = \sqrt{R^2 + X^2} \qquad (7)$

式 (1) で示される交流電流 $i(t)$ が閉回路を流れているとき，閉回路中の各回路素子で発生する電圧にはキルヒホッフの電圧則が成り立つ．このことを利用して交流回路解析が行なわれる．

式 (1) は，電流の瞬時値を表している．

交流電圧は，以下の式で表される．

$$i(t) = V_m \sin(\omega t + \theta)$$

角周波数 ω と周波数 f には，以下の関係がある．

$$\omega = 2\pi f$$

式 (7) は，インピーダンスの大きさを示している．複素数を用いた交流解析では，インピーダンス Z は以下の式で示される．

$$Z = R + jX$$

【演習 5.1】

図 5.1 に示す正弦波交流電圧 (a), (b) の瞬時値 $v_a(t), v_b(t)$ を数式で表せ.

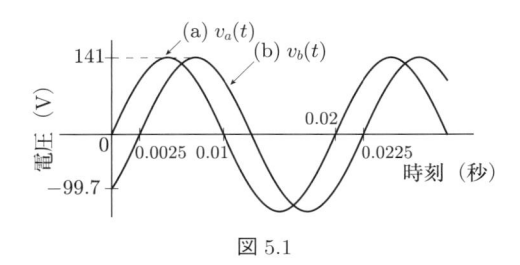

図 5.1

【演習解答】

(a) 正弦波交流電圧 (a) を数式で表す

図 5.1 から正弦波交流電圧 (a) の最大値は $V_m = 141$ (V) であり，周期は $T = 0.02$ (秒) である．また，時刻が $t = 0$ (秒) のとき，電圧は $v_a(0) = 0$ (V) であるため，初期位相は $\theta_{ini} = 0$ (rad) である．

以上から，正弦波交流電圧 (a) の瞬時値 $v_a(t)$ は以下の式となる.

$$v_a(t) = V_m \sin(\omega t + \theta_{ini}) = V_m \sin\left(2\pi \frac{1}{T} t + \theta_{ini}\right)$$
$$= 141 \sin\left(2\pi \frac{1}{0.02} t + 0\right) = 141 \sin(2\pi 50 \cdot t) \text{ (V)} \quad (5.1.1)$$

角周波数 ω と周波数 f の関係は以下である.

$$\omega = 2\pi f$$

周波数 f と周期 T の関係は以下である.

$$f = \frac{1}{T}$$

(b) 正弦波交流電圧 (b) を数式で表す

正弦波交流電圧 (b) の最大値 V_m および周期 T は，正弦波交流電圧 (a) と等しい．しかし，正弦波交流電圧 (b) は，時間 t が 0.0025 (秒) のとき，$v_b(0.0025) = 0$ (V) である．このことは，正弦波交流電圧 (b) は，正弦波交流電圧 (a) より，$t_d = 0.0025$ (秒) 遅れていることを示している．この遅れを初期位相 θ_{ini} で表すと以下になる．

$$\theta_{ini} = -\frac{t_d}{T} = -\frac{0.0025}{0.02} 2\pi = -\frac{1}{4}\pi \text{ (rad)} \quad (5.1.2)$$

初期位相の計算には，弧度法を用いる.

弧度法での $-\frac{\pi}{4}$ (rad) は，度数法で $-45°$ である.

この初期位相を用いて，正弦波交流電圧 (b) の瞬時値 $v_b(t)$ は以下になる．

$$v_b(t) = V_m \sin(\omega t + \theta_{ini}) = 141 \sin\left(2\pi \cdot 50 t - \frac{\pi}{4}\right) \text{ (V)} \quad (5.1.3)$$

■別解　正弦波交流電圧 (b) は，時間が $t = 0$ (秒) であるとき，$v_b(0) = -99.7$ (V) である．このことから，初期位相 θ_{ini} は以下で求めることが出来る．

$$v_b(0) = 141 \sin(2\pi \cdot 50 \cdot 0 + \theta_{ini}) = 141 \sin \theta_{ini} = -99.7 \text{ (V)}$$

$$\therefore \quad \theta_{ini} = \sin^{-1}\left(\frac{-99.7}{141}\right) = -\frac{\pi}{4} \text{ (rad)} \quad (5.1.4)$$

【演習 5.2】

以下に示す電圧 $e(t)$ と電流 $i(t)$ の位相差を時間差 t_d (秒) を用いて表せ.

電圧： $e(t) = 141 \sin 2\pi \cdot 50 t$

電流： $i(t) = 100 \sin \left(2\pi \cdot 50 t + \dfrac{\pi}{3} \right)$ (5.2.1)

【演習解答】

(a) 電圧と電流の位相差を求める

電圧を基準とすると，電圧と電流の位相差 θ は以下となる．

$$\theta = \frac{\pi}{3} - 0 = \frac{\pi}{3} \tag{5.2.2}$$

(b) 位相差を時間差に変換する

位相差 θ と時間差 t_d には，$\theta = \omega t_d$ の関係がある．また，電圧および電流の角周波数は $\omega = 2\pi \cdot 50$ であるため，電圧と電流の時間差 t_d は以下となる．

$$\begin{aligned} t_d &= \frac{\theta}{\omega} = \frac{\pi}{3} \cdot \frac{1}{2\pi \cdot 50} \\ &= 3.33 \times 10^{-3} \text{ (秒)} \end{aligned} \tag{5.2.3}$$

電圧と電流の角周波数が等しいため，位相差および時間差を求めることが出来る．

電圧 $e(t)$ と電流 $i(t)$ の関係は図 5.2 となる．電流 $i(t)$ は，電圧 $e(t)$ より，位相が $\dfrac{\pi}{3}$ (rad) 進んでおり，その時間差 t_d は 3.33×10^{-3} (秒) である．

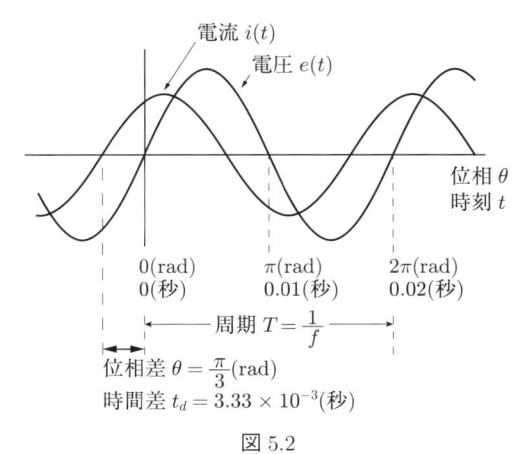

図 5.2

$i(t), v_R(t), v_L(t)$ は瞬時値である．

【演習 5.3】

図 5.3 で，回路に流れる電流 $i(t)$ を求めよ．また，抵抗およびコイルに発生する電圧を求めよ．なお，周波数は $f = 50\,(\mathrm{Hz})$ とする．

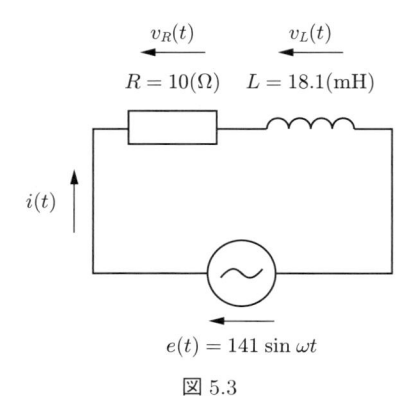

$$v_R(t) \quad v_L(t)$$
$$R = 10(\Omega) \quad L = 18.1(\mathrm{mH})$$

$i(t)$

$e(t) = 141 \sin \omega t$

図 5.3

【演習解答】

(a) 回路に流れる電流を仮定する

図 5.3 の回路には，以下の電流 $i(t)$ が流れていると仮定する．

$$i(t) = I_m \sin(\omega t + \theta) \tag{5.3.1}$$

式 (5.3.1) で，I_m は電流 $i(t)$ の最大値，θ は電圧と電流の位相差を示す．

角周波数 ω は以下である．

$$\omega = 2\pi f$$

この電流が抵抗 R およびコイル L に流れると，それぞれの回路素子には以下の電圧 $v_R(t), v_L(t)$ が発生する．

$$\begin{aligned} v_R(t) &= Ri(t) = RI_m \sin(\omega t + \theta) \\ &= 10 I_m \sin(\omega t + \theta) \end{aligned} \tag{5.3.2}$$

$$\begin{aligned} v_L(t) &= L\frac{di(t)}{dt} = L\frac{dI_m \sin(\omega t + \theta)}{dt} \\ &= \omega L I_m \cos(\omega t + \theta) \\ &= 5.69 I_m \cos(\omega t + \theta) \end{aligned} \tag{5.3.3}$$

(b) 各電圧の関係を求める

抵抗 R およびコイル L で発生する電圧の和 $(v_R(t) + v_L(t))$ は，以下になる．

三角関数の計算には，以下の公式を用いる．

$A \sin\theta + B \cos\theta$
$= \sqrt{A^2 + B^2} \sin(\theta + \alpha)$

ただし，

$\alpha = \tan^{-1} \dfrac{B}{A}$

$$\begin{aligned} v_R(t) + v_L(t) &= Ri(t) + L\frac{di(t)}{dt} \\ &= 10 I_m \sin(\omega t + \theta) + 5.69 I_m \cos(\omega t + \theta) \\ &= \sqrt{10^2 + 5.69^2}\, I_m \sin(\omega t + \theta + \alpha) \\ &= 11.5 I_m \sin(\omega t + \theta + \alpha) \end{aligned} \tag{5.3.4}$$

ここで，α は以下で表される．

$$\alpha = \tan^{-1}\left(\frac{5.68}{10}\right) = 30° = \frac{\pi}{6} \text{ (rad)} \tag{5.3.5}$$

式 (5.3.4), (5.3.5) から，抵抗およびコイルで発生する電圧の和は，以下になる．

$$v_R(t) + v_L(t) = 11.5 I_m \sin\left(\omega t + \theta + \frac{\pi}{6}\right) \tag{5.3.6}$$

図 5.3 の回路では，抵抗およびコイルで発生する電圧の和が交流電圧源の電圧 $e(t)$ に等しい．このことから，以下の式が成り立つ．

$$v_R(t) + v_L(t) = e(t)$$
$$11.5 I_m \sin\left(\omega t + \theta + \frac{\pi}{6}\right) = 141 \sin \omega t \tag{5.3.7}$$

式 (5.3.7) の両辺を比較することで，RL 直列回路に流れる電流 $i(t)$ の最大値 I_m および電圧と電流の位相差 θ を求めることが出来る．

$$\text{電流の最大値：} I_m = \frac{141}{11.5} = 12.3 \text{ (A)} \tag{5.3.8}$$

$$\text{電圧と電流の位相差：} \theta = -\frac{\pi}{6} \text{ (rad)} \tag{5.3.9}$$

(c) 電流の式を求める

式 (5.3.8), (5.3.9) で求めた電流 $i(t)$ の最大値 I_m および電圧と電流の位相差 θ を式 (5.3.1) に代入すると，回路を流れる電流 $i(t)$ が求められる．

$$i(t) = 12.3 \sin\left(\omega t - \frac{\pi}{6}\right) \text{ (A)} \tag{5.3.10}$$

(d) 抵抗，コイルに発生する電圧を求める

式 (5.3.10) で求めた回路を流れる電流 $i(t)$ を用いて，抵抗，コイルに発生する電圧 $v_R(t), v_L(t)$ を求めると以下になる．

$$\begin{aligned}
v_R(t) &= R i(t) = 10 \cdot 12.3 \sin\left(\omega t - \frac{\pi}{6}\right) \\
&= 123 \sin\left(\omega t - \frac{\pi}{6}\right) \text{ (V)}
\end{aligned} \tag{5.3.11}$$

$$\begin{aligned}
v_L(t) &= L \frac{di(t)}{dt} = 18.1 \times 10^{-3} \frac{d 12.3 \sin\left(\omega t - \frac{\pi}{6}\right)}{dt} \\
&= 18.1 \times 10^{-3} \cdot \omega \cdot 12.3 \cos\left(\omega t - \frac{\pi}{6}\right) \\
&= 69.9 \cos\left(\omega t - \frac{\pi}{6}\right) = 69.9 \sin\left(\omega t - \frac{\pi}{6} + \frac{\pi}{2}\right) \\
&= 69.9 \sin\left(\omega t + \frac{\pi}{3}\right) \text{ (V)}
\end{aligned} \tag{5.3.12}$$

三角関数の計算には，以下の公式を用いる．
$$\cos \theta = \sin\left(\theta + \frac{\pi}{2}\right)$$

【演習 5.4】

図 5.4 で，回路に流れる電流 $i(t)$ を求めよ．また，抵抗およびコンデンサに発生する電圧 $v_R(t), v_C(t)$ を求めよ．ただし，周波数は $f = 50\,(\text{Hz})$ とする．

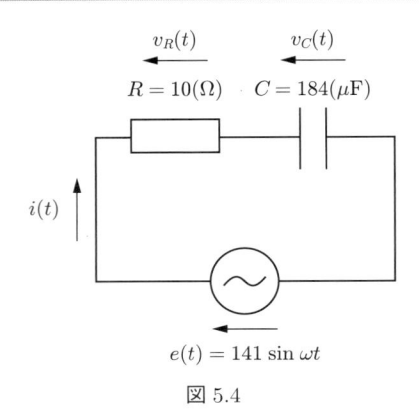

図 5.4

【演習解答】

(a) 回路に流れる電流の式を仮定する

図 5.4 の回路には，以下の電流 $i(t)$ が流れていると仮定する．

$$i(t) = I_m \sin(\omega t + \theta) \tag{5.4.1}$$

式 (5.4.1) で，I_m は電流 $i(t)$ の最大値，θ は電圧と電流の位相差を示す．

角周波数 ω は以下である．

$$\omega = 2\pi f$$

この電流が抵抗 R およびコンデンサ C に流れると，それぞれの回路素子には以下の電圧 $v_R(t), v_C(t)$ が発生する．

$$\begin{aligned} v_R(t) &= Ri(t) = RI_m \sin(\omega t + \theta) \\ &= 10 I_m \sin(\omega t + \theta) \end{aligned} \tag{5.4.2}$$

$$\begin{aligned} v_C(t) &= \frac{1}{C}\int i(t)dt = \frac{1}{C}\int I_m \sin(\omega t + \theta)dt \\ &= -\frac{1}{\omega C} I_m \cos(\omega t + \theta) \\ &= -17.3 I_m \cos(\omega t + \theta) \end{aligned} \tag{5.4.3}$$

(b) 各電圧の関係を求める

抵抗 R およびコンデンサ C で発生する電圧の和 $(v_R(t) + v_C(t))$ は，以下になる．

三角関数の計算には，以下の公式を用いる．

$$A\sin\theta + B\cos\theta = \sqrt{A^2 + B^2}\sin(\theta + \alpha)$$

ただし，

$$\alpha = \tan^{-1}\frac{B}{A}$$

$$\begin{aligned} v_R(t) + v_C(t) &= Ri(t) + \frac{1}{C}\int i(t)dt \\ &= 10 I_m \sin(\omega t + \theta) - 17.3 I_m \cos(\omega t + \theta) \\ &= \sqrt{10^2 + (-17.3)^2}\, I_m \sin(\omega t + \theta - \alpha) \\ &= 20.0 I_m \sin(\omega t + \theta - \alpha) \end{aligned} \tag{5.4.4}$$

ここで，α は以下で表される．
$$\alpha = \tan^{-1}\left(\frac{-17.3}{10}\right) = -60° = -\frac{\pi}{3} \text{ (rad)} \tag{5.4.5}$$

式 (5.4.4), (5.4.5) から，抵抗およびコンデンサで発生する電圧の和は，以下の式となる．
$$v_R(t) + v_L(t) = 20.0 I_m \sin\left(\omega t + \theta - \frac{\pi}{3}\right) \tag{5.4.6}$$

図 5.4 の回路では，抵抗およびコンデンサで発生する電圧の和が交流電圧源の電圧 $e(t)$ に等しい．このことから，以下の式が成り立つ．
$$v_R(t) + v_L(t) = e(t)$$
$$20.0 I_m \sin\left(\omega t + \theta - \frac{\pi}{3}\right) = 141 \sin \omega t \tag{5.4.7}$$

式 (5.4.7) の両辺を比較することで，RL 直列回路に流れる電流 $i(t)$ の最大値 I_m および電圧と電流の位相差 θ を求めることが出来る．
$$\text{電流の最大値：} I_m = \frac{141}{20} = 7.05 \text{ (A)} \tag{5.4.8}$$
$$\text{電圧と電流の位相差：} \theta = \frac{\pi}{3} \text{ (rad)} \tag{5.4.9}$$

(c) 電流の式を求める

式 (5.4.8), (5.4.9) で求めた電流 $i(t)$ の最大値 I_m および電圧と電流の位相差 θ を式 (5.4.1) に代入すると，回路を流れる電流 $i(t)$ が求められる．
$$i(t) = 7.05 \sin\left(\omega t + \frac{\pi}{3}\right) \text{ (A)} \tag{5.4.10}$$

(d) 抵抗，コンデンサに発生する電圧を求める

式 (5.4.10) で求めた回路を流れる電流 $i(t)$ を用いて，抵抗およびコンデンサに発生する電圧 $v_R(t), v_C(t)$ を求めると以下となる．

三角関数の計算には，以下の公式を用いる．
$$-\cos\theta = \sin\left(\theta - \frac{\pi}{2}\right)$$

$$\begin{aligned}
v_R(t) &= Ri(t) = 10 \cdot 7.05 \sin\left(\omega t + \frac{\pi}{3}\right) \\
&= 70.5 \sin\left(\omega t + \frac{\pi}{3}\right) \text{ (V)}
\end{aligned} \tag{5.4.11}$$

$$\begin{aligned}
v_C(t) &= \frac{1}{C}\int i(t) dt = \frac{1}{184 \times 10^{-6}} \int 7.05 \sin\left(\omega t + \frac{\pi}{3}\right) dt \\
&= -\frac{1}{184 \times 10^{-6} \cdot \omega} 7.05 \cos\left(\omega t + \frac{\pi}{3}\right) \\
&= -122 \cos\left(\omega t + \frac{\pi}{3}\right) = 122 \sin\left(\omega t + \frac{\pi}{3} - \frac{\pi}{2}\right) \\
&= 122 \sin\left(\omega t - \frac{\pi}{6}\right) \text{ (V)}
\end{aligned} \tag{5.4.12}$$

【演習 5.5】

図 5.5 の回路で,抵抗およびコイルに流れる電流の瞬時値 $i_R(t)$, $i_C(t)$ を求めよ.また,回路全体に流れる電流 $i(t)$ を求めよ.ただし周波数は $f = 50\,(\mathrm{Hz})$ とする.

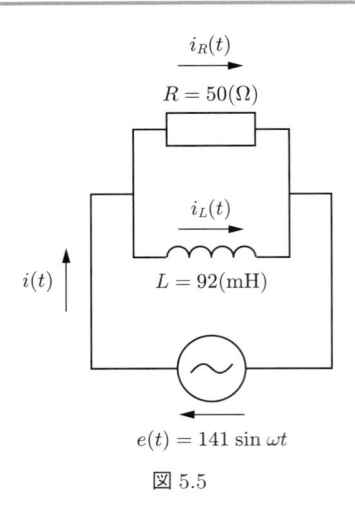

図 5.5

【演習解答】

(a) 抵抗に流れる電流を求める

図 5.5 の抵抗には交流電圧 $e(t)$ が印加されているため,抵抗 R に流れる電流 $i_R(t)$ は以下である.

$$i_R(t) = \frac{e(t)}{R} = \frac{141 \sin \omega t}{50} = 2.82 \sin \omega t \,(\mathrm{A}) \tag{5.5.1}$$

(b) コイルに流れる電流を求める

コイルに電流 $i_L(t)$ が流れたとき,その両端に発生する電圧 $v_L(t)$ は,交流電圧源 $e(t)$ の値と等しいことから,以下の式が成り立つ.

$$v_L(t) = e(t)$$
$$L \frac{di(t)}{dt} = E_m \sin \omega t \tag{5.5.2}$$

コイルを流れる電流 $i_L(t)$ は,式 (5.5.3) の両辺を時間 t で積分することで求められる.

三角関数の計算には,以下の公式を用いる.
$$-\cos \theta = \sin\left(\theta - \frac{\pi}{2}\right)$$

$$\begin{aligned}
i_L(t) &= \frac{1}{L} \int E_m \sin \omega t = -\frac{E_m}{\omega L} \cos \omega t \\
&= \frac{E_m}{\omega L} \sin\left(\omega t - \frac{\pi}{2}\right) \\
&= \frac{141}{2\pi \cdot 50 \cdot 92 \times 10^{-3}} \sin\left(\omega t - \frac{\pi}{2}\right) \\
&= 4.88 \sin\left(\omega t - \frac{\pi}{2}\right) \,(\mathrm{A})
\end{aligned} \tag{5.5.3}$$

(c) 回路全体に流れる電流を求める

回路全体に流れる電流 $i(t)$ は，抵抗とコイルに流れる電流の和 $(i_R(t) + i_L(t))$ となる．

$$\begin{aligned} i(t) &= i_R(t) + i_L(t) \\ &= 2.82 \sin \omega t + 4.88 \sin \left(\omega t - \frac{\pi}{2} \right) \\ &= 2.82 \sin \omega t - 4.88 \cos \omega t \\ &= \sqrt{2.82^2 + (-4.88)^2} \sin(\omega t + \alpha) \\ &= 5.64 \sin(\omega t + \alpha) \end{aligned} \qquad (5.5.4)$$

ここで，α は以下で表される．

$$\begin{aligned} \alpha &= \tan^{-1}\left(\frac{-4.88}{2.82} \right) \\ &= -60° = -\frac{\pi}{3} \text{ (rad)} \end{aligned} \qquad (5.5.5)$$

式 (5.5.4), (5.5.5) から，回路全体に流れる電流 $i(t)$ は以下となる．

$$i(t) = 5.64 \sin\left(\omega t - \frac{\pi}{3} \right) \text{ (A)} \qquad (5.5.6)$$

三角関数の計算には，以下の公式を用いる．

$$\begin{aligned} & A \sin \omega t + B \sin \left(\omega t - \frac{\pi}{2} \right) \\ &= A \sin \omega t - B \cos \omega t \\ &= \sqrt{A^2 + (-B)^2} \sin(\omega t + \alpha) \end{aligned}$$

ただし，$\alpha = \tan^{-1}\left(\dfrac{-B}{A} \right)$

【演習 5.6】

図 5.6 の RLC 直列回路に流れる電流の瞬時値 $i(t)$ を求めよ. ただし, 交流電圧源は $e(t) = E_m \sin \omega t$ とする.

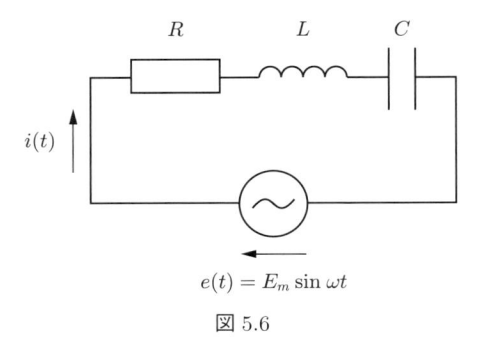

図 5.6

【演習解答】

(a) **回路に流れる電流の式を仮定する**

図 5.6 の回路には, 以下の電流 $i(t)$ が流れていると仮定する.

$$i(t) = I_m \sin(\omega t + \theta) \tag{5.6.1}$$

式 (5.6.1) で, I_m は電流 $i(t)$ の最大値, θ は電圧と電流の位相差を示す.

この電流が抵抗 R, コイル L およびコンデンサ C に流れると, それぞれの回路素子には, 以下の電圧 $v_R(t), v_L(t), v_C(t)$ が発生する.

$$v_R(t) = Ri(t) = RI_m \sin(\omega t + \theta) \tag{5.6.2}$$

$$v_L(t) = L\frac{di(t)}{dt} = L\frac{dI_m \sin(\omega t + \theta)}{dt}$$
$$= \omega L I_m \cos(\omega t + \theta) \tag{5.6.3}$$

$$v_C(t) = \frac{1}{C}\int i(t)dt = \frac{1}{C}\int I_m \sin(\omega t + \theta)dt$$
$$= -\frac{1}{\omega C}I_m \cos(\omega t + \theta) \tag{5.6.4}$$

(b) **各電圧の関係を求める**

抵抗 R, コイル L およびコンデンサ C で発生する電圧の和 $(v_R(t) + v_L(t) + v_C(t))$ は, 以下となる.

三角関数の計算には, 以下の公式を用いる.

$A \sin \omega t + B \cos \omega t$
$= \sqrt{A^2 + B^2} \sin(\omega t + \alpha)$
ただし, $\alpha = \tan^{-1}\left(\dfrac{B}{A}\right)$

$$v_R(t) + v_L(t) + v_C(t)$$
$$= RI_m \sin(\omega t + \theta) + \omega L I_m \cos(\omega t + \theta) - \frac{1}{\omega C}I_m \cos(\omega t + \theta)$$
$$= RI_m \sin(\omega t + \theta) + \left(\omega L - \frac{1}{\omega C}\right)I_m \cos(\omega t + \theta)$$
$$= \sqrt{R^2 + \left(\omega L - \frac{1}{\omega C}\right)^2} I_m \sin(\omega t + \theta + \alpha) \tag{5.6.5}$$

ここで, α は以下で表される.

$$\alpha = \tan^{-1}\left(\frac{\omega L - \frac{1}{\omega C}}{R}\right) \quad (5.6.6)$$

図 5.6 の回路では，抵抗，コイルおよびコンデンサで発生する電圧の和が交流電圧源の電圧 $e(t)$ に等しため，以下の式が成り立つ．

$$v_R(t) + v_L(t) + v_C(t) = e(t)$$
$$\sqrt{R^2 + \left(\omega L - \frac{1}{\omega C}\right)^2} I_m \sin(\omega t + \theta + \alpha) = E_m \sin \omega t \quad (5.6.7)$$

式 (5.6.7) の両辺を比較することで，RLC 直列回路に流れる電流 $i(t)$ の最大値 I_m および電圧と電流の位相差 θ を求めることが出来る．

$$\text{電流の最大値：} I_m = \frac{E_m}{\sqrt{R^2 + \left(\omega L - \frac{1}{\omega C}\right)^2}} \quad (5.6.8)$$

$$\text{電圧と電流の位相差：} \theta = -\alpha = -\tan^{-1}\left(\frac{\omega L - \frac{1}{\omega C}}{R}\right) \quad (5.6.9)$$

(c) 電流の式を求める

式 (5.6.8)，(5.6.9) で求めた電流 $i(t)$ の最大値 I_m および電圧と電流の位相差 θ を，電流の仮定式 (5.6.1) に代入すると，図 5.6 の回路を流れる電流 $i(t)$ が求められる．

$$i(t) = \frac{E_m}{\sqrt{R^2 + \left(\omega L - \frac{1}{\omega C}\right)^2}} \sin(\omega t + \theta) \quad (5.6.10)$$

式 (5.6.10) で，θ は電圧と電流の位相差である（式 (5.6.9)）．

$$\theta = -\tan^{-1}\left(\frac{\omega L - \frac{1}{\omega C}}{R}\right)$$

電流 $i(t)$ は，交流電圧源の電圧 $e(t)$ と，位相が θ 異なっている．位相差 θ は，式 (5.6.9) から，$\omega L - \frac{1}{\omega C}$ によって決まる．ωL と $\frac{1}{\omega C}$ の大小関係には，以下の 3 通りがある．

① $\omega L > \frac{1}{\omega C}$ の場合

$\omega L - \frac{1}{\omega C} > 0$ であるため，電圧と電流の位相差は $\theta < 0$ である．そのため，電流 $i(t)$ は，交流電圧源の電圧 $e(t)$ より，位相が θ 遅れることになる．そのような回路は，誘導性回路と呼ばれ，RL 直列回路と等しい．

$\omega L > \frac{1}{\omega C}$ の場合の等価回路

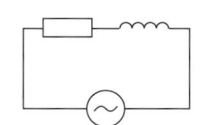

② $\omega L < \frac{1}{\omega C}$ の場合

$\omega L - \frac{1}{\omega C} < 0$ であるため，電圧と電流の位相差は $\theta > 0$ である．そのため，電流 $i(t)$ は，交流電圧源の電圧 $e(t)$ より，位相が θ 進むことになる．そのような回路は，容量性回路と呼ばれ，RC 直列回路と等しい．

$\omega L < \frac{1}{\omega C}$ の場合の等価回路

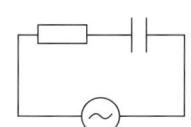

③ $\omega L = \frac{1}{\omega C}$ の場合

$\omega L - \frac{1}{\omega C} = 0$ であるため，電圧と電流は同位相 ($\theta = 0$) である．そのような回路は，抵抗 R のみが存在する抵抗回路に等しい．また，このとき RLC 直列回路に流れる電流は最大となる．

$\omega L = \frac{1}{\omega C}$ の場合の等価回路

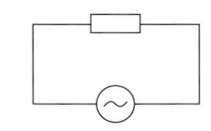

【演習 5.7】
図 5.7 に示す RLC 回路で，抵抗，コイルおよびコンデンサに発生する電圧 $v_R(t)$, $v_L(t)$, $v_C(t)$ を求めよ.

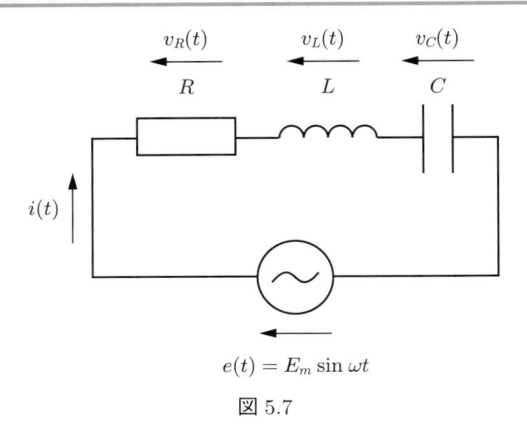

$$e(t) = E_m \sin \omega t$$

図 5.7

【演習解答】

電流 $i(t)$ の求め方は，演習 5.6 を参照.

図 5.7 の RLC 回路に流れる電流 $i(t)$ は以下である.

$$i(t) = \frac{E_m}{\sqrt{R^2 + \left(\omega L - \frac{1}{\omega C}\right)^2}} \sin(\omega t + \theta) \tag{5.7.1}$$

$$\text{ただし,} \quad \theta = -\tan^{-1}\left(\frac{\omega L - \frac{1}{\omega C}}{R}\right) \tag{5.7.2}$$

この電流 $i(t)$ が抵抗，コイルおよびコンデンサに流れることで発生する電圧 $v_R(t)$, $v_L(t)$, $v_C(t)$ は，以下となる.

抵抗に発生する電圧 $v_R(t)$ の最大値は，交流電圧源のそれより低くなる.

$$v_R(t) = Ri(t) = \frac{R}{\sqrt{R^2 + \left(\omega L - \frac{1}{\omega C}\right)^2}} E_m \sin(\omega t + \theta) \tag{5.7.3}$$

抵抗 R が小さく，$\omega L - \frac{1}{\omega C}$ が 0 に近い場合，コイルおよびコンデンサに発生する電圧 $v_L(t)$, $v_C(t)$ の最大値は，交流電圧源のそれより大きくなる.

$$v_L(t) = L\frac{di(t)}{dt} = L\frac{d\frac{E_m}{\sqrt{R^2+\left(\omega L-\frac{1}{\omega C}\right)^2}}\sin(\omega t+\theta)}{dt}$$

$$= \frac{\omega L}{\sqrt{R^2 + \left(\omega L - \frac{1}{\omega C}\right)^2}} E_m \cos(\omega t + \theta)$$

$$= \frac{\omega L}{\sqrt{R^2 + \left(\omega L - \frac{1}{\omega C}\right)^2}} E_m \sin\left(\omega t + \frac{\pi}{2} + \theta\right) \tag{5.7.4}$$

ただし，キルヒホッフの電圧則は成り立つ.

$v_R(t) + v_L(t) + v_C(t) = e(t)$

$$v_C(t) = \frac{1}{C}\int i(t)dt = \frac{1}{C}\int \frac{E_m}{\sqrt{R^2 + \left(\omega L - \frac{1}{\omega C}\right)^2}} \sin(\omega t + \theta)\, dt$$

$$= -\frac{\frac{1}{\omega C}}{\sqrt{R^2 + \left(\omega L - \frac{1}{\omega C}\right)^2}} E_m \cos(\omega t + \theta)$$

$$= \frac{\frac{1}{\omega C}}{\sqrt{R^2 + \left(\omega L - \frac{1}{\omega C}\right)^2}} E_m \sin\left(\omega t - \frac{\pi}{2} + \theta\right) \tag{5.7.5}$$

第6章 複素数を用いた交流回路解析

定常状態にある交流回路の解析では，微分方程式の代わりに，複素数を用いて電圧 V，電流 I を求めることが出来る．式 (1) のような電圧の瞬時値 $e_1(t)$ は，複素数（フェーザ）を用いて表すと式 (2) および (3) となる．交流回路解析で複素数（フェーザ）表示は，大きさおよび位相を表すことが出来る．

複素数（フェーザ）を用いた電圧表示では，一般的に実効値を用いる．

$$瞬時値 \quad e_1(t) = E\sin(\omega t + \theta) \tag{1}$$
$$複素数（フェーザ）表示 \quad E_1 = E\angle\theta \tag{2}$$
$$= E\cos\theta + jE\sin\theta \tag{3}$$

複素数（フェーザ）表示の電圧などは，図 6.1 の複素平面（フェーザ図）上で表現することが出来る．図 6.1 では，電圧 E_1 の大きさおよび位相を表している．

式 (1) を実効値を用いた複素数（フェーザ）で表すと以下となる．

$$E_1 = \frac{E}{\sqrt{2}}\angle\theta$$

電気回路では，虚数の記号に j を用いる．

$$j = \sqrt{-1}$$
$$j^2 = -1$$

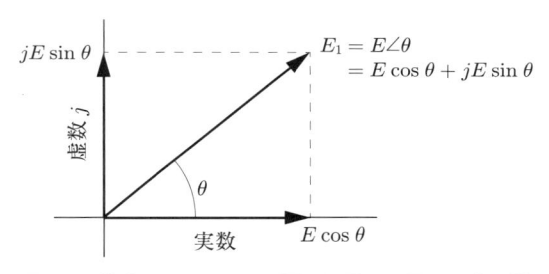

図 6.1 複素平面 (フェーザ図) を用いた電圧の表示法

複素数を用いた交流回路解析では，インピーダンス Z は実数成分である抵抗 R と虚数成分であるリアクタンス jX に分けられる．コイル L およびコンデンサ C のリアクタンス jX_L, jX_C は，それぞれ以下である．

$$複素インピーダンス \quad Z = R + jX \tag{4}$$
$$リアクタンス$$
$$コイル \quad jX_L = j\omega L \text{（誘導性リアクタンス）} \tag{5}$$
$$コンデンサ \quad jX_C = \frac{1}{j\omega C} = -j\frac{1}{\omega C} \tag{6}$$
$$\text{（容量性リアクタンス）}$$

複素インピーダンス Z は，複素数で表現された電圧 E，電流 I の間で，オームの法則が成り立つ．

$$オームの法則 \quad I = \frac{E}{Z} \tag{7}$$

複素インピーダンスを用いると，コイル，コンデンサに流れる電流を，微分方程式を使わずに，オームの法則で求めることが出来る．

【演習 6.1】
図 6.2 の回路で，各回路素子に流れる電流 I_C, I_R, I_L を求めよ．ただし，コンデンサおよびコイルのリアクタンスは，$jX_C = -j4\,(\Omega)$, $jX_L = j10\,(\Omega)$ とする．

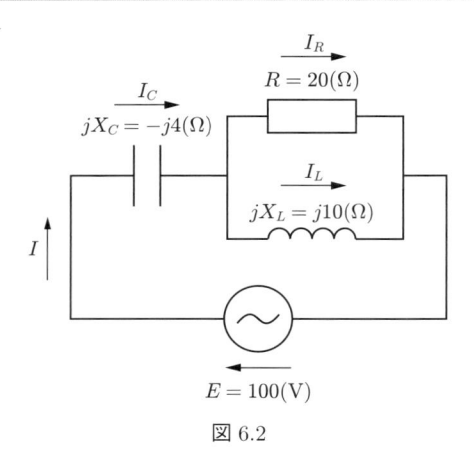

図 6.2

【演習解答】
(a) 合成インピーダンスを求める

図 6.2 の RLC 回路の合成インピーダンス Z は以下である．

$$Z = jX_C + \frac{R \cdot jX_L}{R + jX_L} = -j4 + \frac{20 \cdot j10}{20 + j10} = 4 + j4\,(\Omega) \quad (6.1.1)$$

(b) 回路全体を流れる電流を求める

回路全体を流れる電流 I は，交流電圧源 E と合成インピーダンス Z から求められる．

$$I = \frac{E}{Z} = \frac{100}{4 + j4} = 12.5 - j12.5 = 17.7\angle -45°\,(A) \quad (6.1.2)$$

(c) 各回路素子に流れる電流を求める

コンデンサに流れる電流 I_C は，回路全体を流れる電流 I と同じであるため，以下である．

$$I_C = I = 17.7\angle -45°\,(A) \quad (6.1.3)$$

抵抗およびコイルに流れる電流 I_R, I_L は，以下である．

$$I_R = \frac{jX_L}{R + jX_L} I_C = \frac{j10}{20 + j10}(12.5 - j12.5) = 7.5 + j2.5$$
$$= 7.91\angle 18°\,(A) \quad (6.1.4)$$

$$I_L = \frac{R}{R + jX_L} I_C = \frac{20}{20 + j10}(12.5 - j12.5) = 5 - j15$$
$$= 15.8\angle -72°\,(A) \quad (6.1.5)$$

複素数の計算では，以下の公式を用いる．

$\dfrac{a + jb}{c + jd}$

$= \dfrac{(a + jb)(c - jd)}{(c + jd)(c - jd)}$

$= \dfrac{(ac + bd) + j(-ad + bc)}{c^2 + d^2}$

$a + jb$

$= \sqrt{a^2 + b^2}\angle \tan^{-1}\left(\dfrac{b}{a}\right)$

I_R, I_L は，分流の定理を用いて求められる．

【演習 6.2】

図 6.3 の回路で,端子 a-b 間の電圧 V_{ab} の大きさ $|V_{ab}|$ および交流電圧源 E との位相差 θ を求めよ.

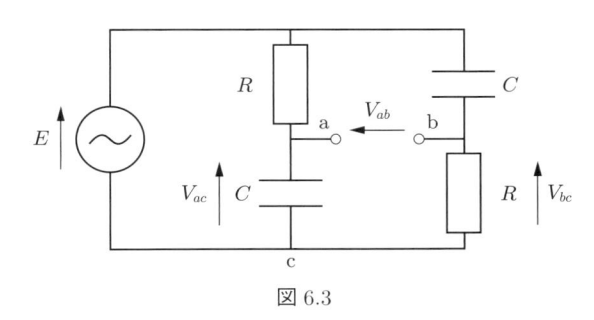

図 6.3 の回路は,V_{ab} の大きさが交流電源 E と等しい.一方,位相差 θ は,抵抗 R とコンデンサ C の値によって,変化させることが出来る.そのため,移相回路と呼ばれる.

図 6.3

【演習解答】

図 6.3 の回路で抵抗およびコンデンサの電圧 V_{ac}, V_{bc} は,分圧の定理から以下となる.

$$V_{ac} = \frac{-j\frac{1}{\omega C}}{R - j\frac{1}{\omega C}} E = \frac{1}{1 + j\omega CR} E \tag{6.2.1}$$

$$V_{bc} = \frac{R}{R - j\frac{1}{\omega C}} E = \frac{j\omega CR}{1 + j\omega CR} E \tag{6.2.2}$$

端子 a-b 間の電圧 V_{ab} は,V_{ac}, V_{bc} を用いて以下となる.

$$\begin{aligned} V_{ab} &= V_{ac} - V_{bc} = \frac{1}{1 + j\omega CR} E - \frac{j\omega CR}{1 + j\omega CR} E \\ &= \frac{1 - j\omega CR}{1 + j\omega CR} E \end{aligned} \tag{6.2.3}$$

式 (6.2.3) で V_{ab} は分母および分子が複素数である.その大きさ $|V_{ab}|$ は,分母および分子の大きさをそれぞれ計算することで求められる.

大きさの求め方

$$\left| \frac{R_1 + jX_1}{R_2 + jX_2} \right| = \frac{|R_1 + jX_1|}{|R_2 + jX_2|}$$

端子 a-b 間の電圧の大きさ $|V_{ab}|$ は,以下となる.

$$|V_{ab}| = \frac{\sqrt{1^2 + (-\omega CR)^2}}{\sqrt{1^2 + (\omega CR)^2}} |E| = |E| \tag{6.2.4}$$

端子 a-b 間の電圧 V_{ab}(式 (6.2.3))を有理化すると以下になる.

$$\begin{aligned} V_{ab} &= \frac{(1 - j\omega CR)^2}{(1 + j\omega CR)(1 - j\omega CR)} E \\ &= \frac{1 + (\omega CR)^2 - j2\omega CR}{1^2 + (\omega CR)^2} E \end{aligned} \tag{6.2.5}$$

V_{ab} の偏角 θ は,V_{ab} を有理化(式 (6.2.5))し,その分子 $(1 + (\omega CR)^2 - j2\omega CR)$ の偏角を計算することで求められる.

偏角 θ の求め方

$$\arg\left(\frac{R_1 + jX_1}{R_2^2 + X_2^2}\right) = \tan^{-1}\left(\frac{X_1}{R_1}\right)$$

$\arg Z$ は,複素数 Z の偏角を示している.

式 (6.2.5) から,交流電圧源 E と端子 a-b 間の電圧 V_{ab} の位相差 θ は,以下となる.

$$\theta = \tan^{-1}\left(\frac{-2\omega CR}{1 + (\omega CR)^2}\right) \tag{6.2.6}$$

交流電圧 E_{AC} および交流電流 I_{AC} はともに実効値である．

$|E_{AC}|$ および $|I_{AC}|$ はそれぞれ交流電圧，および交流電流の大きさを示している．

【演習 6.3】
RL 直列回路に直流電圧 $E_{DC} = 100\,(\mathrm{V})$ を印加した場合，電流 $I_{DC} = 2.5\,(\mathrm{A})$ が流れた（図 6.4(a)）．一方，この RL 直列回路に周波数が $f = 50\,(\mathrm{Hz})$ である交流電圧 $|E_{AC}| = 100\,(\mathrm{V})$ を印加した場合，交流電流 $|I_{AC}| = 2\,(\mathrm{A})$ が流れた（図 6.4(b)）．この回路の抵抗値 R およびコイルのインダクタンス L を求めよ．

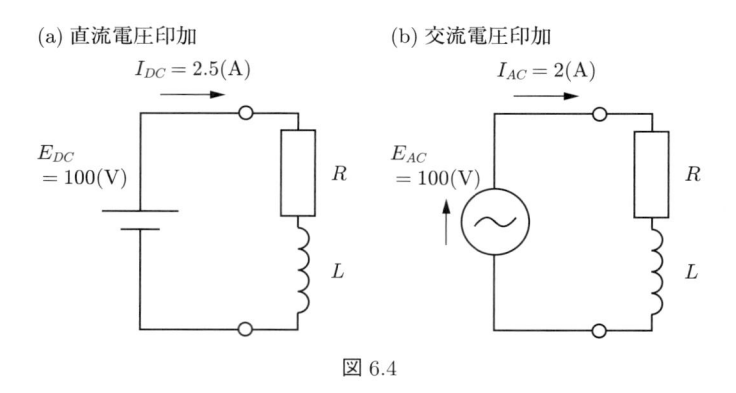

図 6.4

【演習解答】

(a) 抵抗値を求める

RL 直列回路に直流を印加した場合，コイルのリアクタンスは $jX_L = 0\,(\Omega)$ となる．そのため，回路に流れる電流 I_{DC} は，電圧 E_{DC} と抵抗 R で決まる．よって抵抗 R は以下となる．

$$R = \frac{E_{DC}}{I_{DC}} = \frac{100}{2.5} = 40\,(\Omega) \tag{6.3.1}$$

(b) コイルのインダクタンスを求める

RL 直列回路に交流電圧 E_{AC} を印加した場合，電流 $|I_{AC}| = 2\,(\mathrm{A})$ が流れたため，この回路の合成インピーダンスの大きさ $|Z|$ は，以下となる．

$$|Z| = \frac{|E_{AC}|}{|I_{AC}|} = \frac{100}{2} = 50\,(\Omega) \tag{6.3.2}$$

複素インピーダンス $Z = R + jX_L$ の大きさ $|Z|$ は，以下である．

$$|Z| = \sqrt{R^2 + X_L{}^2}$$

RL 直列回路の合成インピーダンス Z は，抵抗 R とコイルのリアクタンス jX_L で決まる．そのため，コイルのリアクタンスの大きさ $|X_L|$ は以下となる．

$$|Z| = \sqrt{R^2 + X_L{}^2} = \sqrt{40^2 + X_L{}^2} = 50\,(\Omega)$$
$$\therefore |X_L| = 30\,(\Omega) \tag{6.3.3}$$

コイルのインダクタンス L とリアクタンス X_L の関係は，以下である．

$$|X_L| = \omega L$$

コイルのインダクタンス L は，リアクタンス $|X_L|$ から以下となる．

$$L = \frac{|X_L|}{\omega} = \frac{|X_L|}{2 \cdot \pi \cdot f} = \frac{30}{2 \cdot \pi \cdot 50} = 95.5\,(\mathrm{mH}) \tag{6.3.4}$$

【演習 6.4】

図 6.5 の回路で,閉路電流 I を左周り(反時計回り)に設定した.このときの閉路方程式を立て,回路に流れる電流 I を求めよ.また,抵抗およびコンデンサに発生する電圧 V_R, V_C を求めよ.

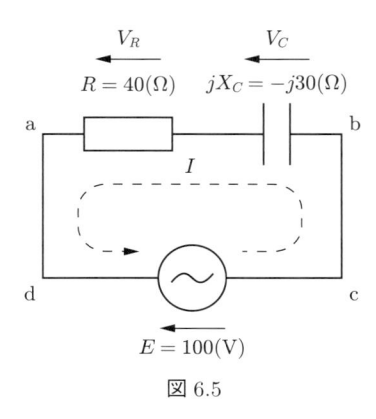

図 6.5 の回路は,交流電源の電圧 E の矢印と逆方向に閉路電流 I を設定した.

回路中のコンデンサは,そのリアクタンス $jX_C = -j30\,(\Omega)$ で表記している.

図 6.5

【演習解答】

図 6.5 の回路で閉路 cbadc で閉路方程式を立て,閉路電流 I を求めると以下となる.

$$jX_C I + RI + E = 0$$
$$-j30 I + 40 I + 100 = 0$$
$$(40 - j30)I = -100$$
$$\therefore\ I = \frac{-100}{40 - j30} = -1.6 - j1.2 = 2\angle -143°\ (\mathrm{A}) \quad (6.4.1)$$

閉路電流 I は,以下のように表すことも出来る.

$$I = 2\angle -143° = -\left(2\angle(-143° + 180°)\right)$$
$$= -\left(2\angle 37°\right)\ (\mathrm{A}) \quad (6.4.2)$$

抵抗およびコンデンサに発生する電圧 V_R, V_C は以下となる.なお,閉路電流 I の向きに対して,それぞれに発生する電圧 V_R, V_C の向きが逆になっている.そのため,それぞれの電圧の符号はマイナスとなる.

$$V_R = -(RI) = -\left(40 \cdot -\left(2\angle 37°\right)\right) = 80\angle 37°\ (\mathrm{V}) \quad (6.4.3)$$
$$V_C = -(jX_C I) = -(-j30)\left(-\left(2\angle 37°\right)\right)$$
$$= -(30\angle -90)\left(-\left(2\angle 37°\right)\right)$$
$$= 60\angle -53°\ (\mathrm{V}) \quad (6.4.4)$$

$I = 2\angle -143°\,(\mathrm{A})$ は,$I' = 2\angle 37°\,(\mathrm{A})$ の位相が 180° 進みまたは遅れている電流である.これらの電流のフェーザ図は以下である.

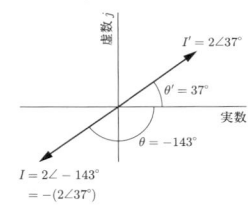

電流 $I = 2\angle -143°\,(\mathrm{A})$ および $I' = 2\angle 37°\,(\mathrm{A})$ の瞬時値 $i(t), i'(t)$ は以下である.なお,これらの式は,最大値を求めるために実効値に $\sqrt{2}$ を掛けている.

$$i(t) = 2\sqrt{2}\sin\left(\omega t - \frac{143}{180}\pi\right)$$
$$i'(t) = 2\sqrt{2}\sin\left(\omega t + \frac{37}{180}\pi\right)$$

時間 t に対するこれらの電流の変化は以下となる.

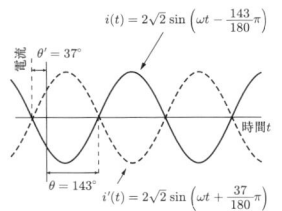

2つの交流電圧源 $e_1(t), e_2(t)$ の周波数が同じであるため，複素数を用いた電圧の合成が可能である．

> 【演習 6.5】
> 図 6.6 のように，位相の異なる交流電圧源 $e_1(t), e_2(t)$ を直列に接続した場合に出力される電圧の瞬時値 $v(t)$ を，複素数を用いて求めよ．

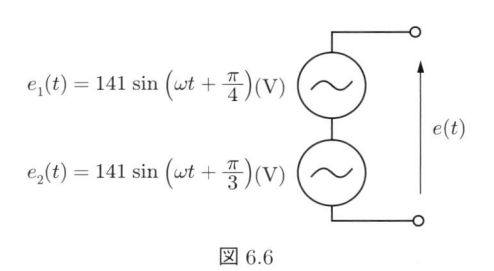

$$e_1(t) = 141 \sin\left(\omega t + \frac{\pi}{4}\right) \text{(V)}$$
$$e_2(t) = 141 \sin\left(\omega t + \frac{\pi}{3}\right) \text{(V)}$$

図 6.6

【演習解答】
(a) 瞬時電圧を複素数表示に変換する

交流電圧源の瞬時値 $e_1(t), e_2(t)$ の複素数表示は以下となる．

$$\begin{aligned} E_1 &= \frac{141}{\sqrt{2}} \angle \frac{\pi}{4} = 100 \cos \frac{\pi}{4} + j 100 \sin \frac{\pi}{4} \\ &= 70.7 + j70.7 \text{ (V)} \end{aligned} \quad (6.5.1)$$

$$\begin{aligned} E_2 &= \frac{141}{\sqrt{2}} \angle \frac{\pi}{3} = 100 \cos \frac{\pi}{3} + j 100 \sin \frac{\pi}{3} \\ &= 50 + j86.6 \text{ (V)} \end{aligned} \quad (6.5.2)$$

交流電圧の瞬時値 $e(t)$ と複素数表示（フェーザ表示）E には以下の関係がある．

瞬時値: $e(t) = E_m \sin(\omega t + \theta)$

複素表示: $E = \frac{E_m}{\sqrt{2}} \angle \theta$

一般的に複素数表示の電圧は，実効値を用いる．そのため，上記の複素表示の大きさは，最大値を $\sqrt{2}$ で割っている．

(b) 電圧の和を求める

複素数表示された各交流電圧源の電圧 E_1, E_2 の和を求めることで，出力電圧 E を求める．ただし，求められる出力電圧は複素数表示である．

$$\begin{aligned} E &= E_1 + E_2 \\ &= (70.7 + j70.7) + (50 + j86.6) \\ &= 120.7 + j157.3 \\ &= \sqrt{120.7^2 + 157.3^2} \angle \tan^{-1}\left(\frac{157.3}{120.7}\right) \\ &= 198 \angle 52.5° = 198 \angle \frac{7\pi}{24} \text{ (V)} \end{aligned} \quad (6.5.3)$$

度数法の $\theta = 52.5°$ は，弧度法で $\theta_{rad} = \frac{7\pi}{24}$ である．

$$\begin{aligned} \theta_{rad} &= \frac{52.5}{360} 2\pi \\ &= \frac{7\pi}{24} \end{aligned}$$

(c) 複素表示された出力電圧を瞬時値に変換する

式 (6.5.3) から出力電圧 E は，大きさ（実効値）が $E_{rms} = 198$ (V) であり，初期位相が $\theta = \frac{7\pi}{24}$ である．このことから，出力電圧の瞬時値 $e(t)$ は以下となる．

瞬時値の初期位相は，弧度法で表せられる．

$$\begin{aligned} e(t) &= 198\sqrt{2} \sin\left(\omega t + \frac{7\pi}{24}\right) \\ &= 280 \sin\left(\omega t + \frac{7\pi}{24}\right) \text{ (V)} \end{aligned} \quad (6.5.4)$$

【演習 6.6】

図 6.7 の回路で,交流電源の周波数が変化しても,電圧 E と電流 I が同位相となる条件を求めよ.

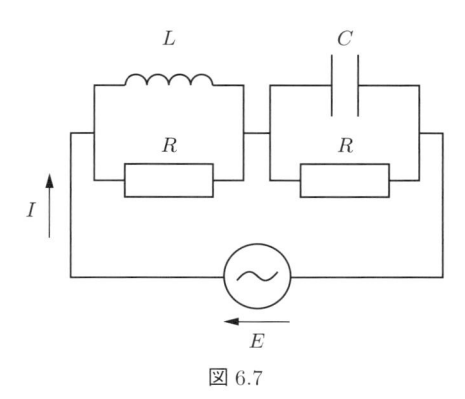

> 電源の周波数に関係なく,電圧と電流が同位相となる回路は,定抵抗回路と呼ばれる.
>
> 定抵抗回路のリアクタンス成分は $X = 0$ であり,抵抗成分のみである.

図 6.7

【演習解答】

(a) 合成インピーダンスを求める

図 6.7 の回路の合成インピーダンス Z は以下である.

$$\begin{aligned}
Z &= \frac{R \cdot j\omega L}{R + j\omega L} + \frac{R \cdot \left(-j\frac{1}{\omega C}\right)}{R - j\frac{1}{\omega C}} \\
&= \frac{(R^2 - \omega^2 LCR^2) + j2\omega LR}{(R - \omega^2 LCR) + j(\omega L + \omega CR^2)}
\end{aligned} \quad (6.6.1)$$

(b) 電圧と電流が同位相となる条件を見出す

電圧 E と電流 I が同位相となる条件は,インピーダンス Z が実数となることである.そのためには,式 (6.6.1) の分母と分子の実数成分および虚数成分の比が等しくなればよい.

$$\frac{R^2 - \omega^2 LCR^2}{R - \omega^2 LCR} = \frac{2\omega LR}{\omega L + \omega CR^2}$$

$$R = \frac{2LR}{L + CR^2}$$

$$L + CR^2 = 2L$$

$$R^2 = \frac{L}{C} \quad (6.6.2)$$

式 (6.6.2) が交流電源の周波数が変化しても,電圧 E と電流 I が同位相となる条件である.

> 実数 n である合成インピーダンス Z は,以下のように表すことが出来る.
>
> $Z = n$
>
> $\dfrac{R_1 + jX_1}{R_2 + jX_2} = n$
>
> $R_1 + jX_1 = nR_2 + jnX_2$
>
> このことは,分母と分子の実数成分および虚数成分の比が,ともに n で等しいことを示している.
>
> $\dfrac{R_1}{R_2} = \dfrac{X_1}{X_2} = n$

【演習 6.7】

図 6.8 に示す回路で，交流電圧源 E と回路に流れる電流 I の位相が等しくなる交流電圧源の角周波数 ω を，コンデンサ C，抵抗 R およびコイル L を用いて表せ．

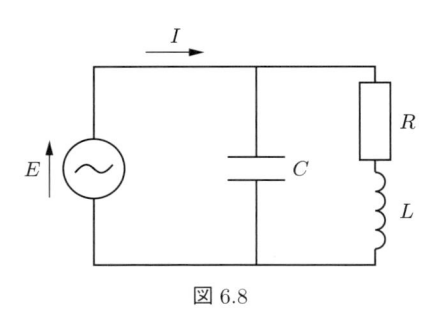

図 6.8

【演習解答】

(a) 合成インピーダンスを求める

図 6.8 の RLC 回路の合成インピーダンス Z は以下である．

$$Z = \frac{-j\frac{1}{\omega C} \cdot (R + j\omega L)}{-j\frac{1}{\omega C} + (R + j\omega L)} = \frac{\frac{L}{C} - j\frac{R}{\omega C}}{R + j\left(\omega L - \frac{1}{\omega C}\right)}$$

$$= \frac{\frac{R}{\omega^2 C^2} + j\left(-\frac{\omega L^2}{C} + \frac{L}{\omega C^2} - \frac{R^2}{\omega C}\right)}{R^2 + \left(\omega L - \frac{1}{\omega C}\right)^2} \tag{6.7.1}$$

(b) 合成インピーダンスが実数成分のみになる条件を見出す

図 6.8 の回路で交流電圧源 E と電流 I が同位相になる条件は，この回路のリアクタンス成分をなくすことである．そのために，合成インピーダンス Z の虚数成分 $(\mathrm{Im}(Z))$ が 0 になる角周波数 ω を求める．

> 回路のリアクタンス成分は，電圧と電流で位相差が生じる原因である．

$$\mathrm{Im}(Z) = \frac{-\frac{\omega L^2}{C} + \frac{L}{\omega C^2} - \frac{R^2}{\omega C}}{R^2 + \left(\omega L - \frac{1}{\omega C}\right)^2} = 0$$

$$-\frac{\omega L^2}{C} + \frac{L}{\omega C^2} - \frac{R^2}{\omega C} = 0$$

$$\frac{-\omega^2 L^2 C + L - CR^2}{\omega C^2} = 0$$

$$-\omega^2 L^2 C + L - CR^2 = 0$$

$$\omega^2 = \frac{L - CR^2}{L^2 C}$$

$$\therefore \quad \omega = \sqrt{\frac{L - CR^2}{L^2 C}} \tag{6.7.2}$$

【演習 6.8】

図 6.9(a) の RC 直列接続を (b)RC 並列接続に変換するとき，RC 並列回路に用いる抵抗 R_p およびコンデンサ C_p を求めよ．ただし，周波数は $f = 50\,(\mathrm{Hz})$ とする．

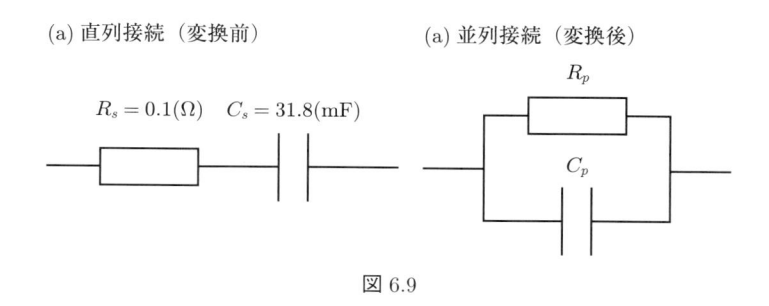

(a) 直列接続（変換前）　　　(a) 並列接続（変換後）

$R_s = 0.1(\Omega)$　$C_s = 31.8(\mathrm{mF})$

図 6.9

【演習解答】

(a) RC 直列接続の合成アドミッタンスを求める

RC 並列接続の合成アドミッタンス Y_s は，抵抗をコンダクタンス G に変換し，それとコンデンサのサセプタンス jB_C を合成することで求める．

$$Y_s = \frac{G \cdot jB_C}{G + jB_C} = \frac{\frac{1}{R} \cdot j\omega C_s}{\frac{1}{R} + j\omega C_s} = \frac{\frac{1}{0.1} \cdot j2\pi 50 \cdot 31.8 \times 10^{-3}}{\frac{1}{0.1} + j2\pi 50 \cdot 31.8 \times 10^{-3}}$$
$$= 5 + j5\,(\mathrm{S}) \tag{6.8.1}$$

コンダクタンス G およびサセプタンス jB_C は，以下の式で求める．

$$G = \frac{1}{R}$$
$$jB_C = j\omega C$$

直列回路のアドミッタンスの合成には，以下の式を用いる．

$$Y = \frac{Y_1 \cdot Y_2}{Y_1 + Y_2}$$

(b) RC 並列接続の合成アドミッタンスを求める

RC 並列接続の合成アドミッタンス Y_p は，以下である．

$$Y_p = \frac{1}{R_p} + j\omega C_p = \frac{1}{R_p} + j2\pi 50 C_p\,(\mathrm{S}) \tag{6.8.2}$$

並列回路のアドミッタンスの合成には，以下の式を用いる．

$$Y = Y_1 + Y_2$$

(c) RC 直列接続と並列接続の合成インピーダンスを比較する

RC 直列接続と並列接続の合成アドミッタンス Y_s, Y_p が等しくなるように，RC 並列回路の抵抗 R_p と静電容量 C_p を決定する．

$$Y_s = Y_p$$
$$5 + j5 = \frac{1}{R_p} + j2\pi 50 C_p \tag{6.8.3}$$

$$\therefore \quad R_p = \frac{1}{5} = 0.2\,(\Omega) \tag{6.8.4}$$
$$C_p = \frac{5}{2\pi 50} = 15.9\,(\mathrm{mF}) \tag{6.8.5}$$

【演習 6.9】

図 6.10 の回路で，アドミッタンスを用いて回路に流れる電流 I，抵抗 R およびコンデンサ C に発生する電圧 V_R, V_C を求めよ．なお，交流電源の周波数は $f = 50\,(\mathrm{Hz})$ とする．

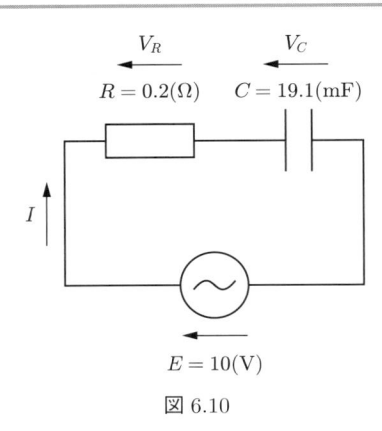

図 6.10

【演習解答】

(a) 合成アドミッタンスを求める

抵抗 R のコンダクタンス G およびコンデンサ C のサセプタンス jB_C は以下である．

$$G = \frac{1}{R} = \frac{1}{0.2} = 5\,(\mathrm{S}) \tag{6.9.1}$$

$$jB_C = j\omega C = j2\cdot\pi\cdot 50 \cdot 19.1 \times 10^{-3} = j6\,(\mathrm{S}) \tag{6.9.2}$$

以上の値から，RC 直列回路の合成アドミッタンス Y を求める．

$$Y = \frac{G\cdot jB_C}{G + jB_C} = \frac{5\cdot j6}{5 + j6} = 2.95 + j2.46$$
$$= 3.84\angle 40°\,(\mathrm{S}) \tag{6.9.3}$$

直列回路のアドミッタンスの合成には，以下の式を用いる．

$$Y = \frac{Y_1 \cdot Y_2}{Y_1 + Y_2}$$

アドミッタンスを用いたオームの法則は以下である．

$$I = Y \cdot E$$
$$E = \frac{I}{Y}$$

■**別解** 抵抗，コンデンサに発生する電圧を分圧の定理を用いて求めると以下となる．

$$V_R = \frac{jB_C}{G + jB_C} E$$
$$V_C = \frac{G}{G + jB_C} E$$

(b) 電流と各電圧を求める

合成アドミッタンス Y に交流電圧 E が印加されているため，回路に流れる電流 I は，以下で求められる．

$$I = Y \cdot E = 3.84\angle 40° \cdot 10 = 38.4\angle 40°\,(\mathrm{A}) \tag{6.9.4}$$

抵抗およびコンデンサーに電流 I が流れることで，それぞれには以下の電圧 V_R, V_C が発生する．

$$V_R = \frac{I}{G} = \frac{38.4\angle 40°}{5} = 7.68\angle 40°\,(\mathrm{V}) \tag{6.9.5}$$

$$V_C = \frac{I}{jB_C} = \frac{38.4\angle 40°}{j6} = \frac{38.4\angle 40°}{6\angle 90°} = 6.4\angle -50°\,(\mathrm{V}) \tag{6.9.6}$$

【演習 6.10】
図 6.11 の回路で，アドミッタンスを用いて回路全体に流れる電流 I，抵抗 R およびコイル L に流れる電流 I_R, I_L を求めよ．なお，交流電源の周波数は $f = 50\,(\mathrm{Hz})$ とする．

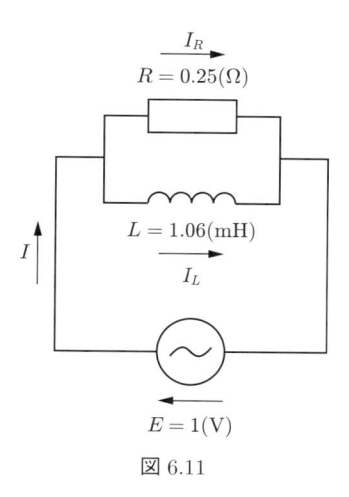

図 6.11

【演習解答】

(a) 合成アドミッタンスを求める

抵抗 R のコンダクタンス G およびコイル L のサセプタンス jB_L は以下である．

$$G = \frac{1}{R} = \frac{1}{0.25} = 4\,(\mathrm{S}) \tag{6.10.1}$$

$$jB_L = -j\frac{1}{\omega L} = -j\frac{1}{2\cdot\pi\cdot 50\cdot 1.06\times 10^{-3}} = -j3\,(\mathrm{S}) \tag{6.10.2}$$

以上の値から，RL 並列回路の合成アドミッタンス Y を求める．

$$Y = G + jB_L = 4 - j3 = 5\angle -37°\,(\mathrm{S}) \tag{6.10.3}$$

並列回路のアドミッタンスの合成には，以下の式を用いる．

$$Y = Y_1 + Y_2$$

(b) 各電流を求める

合成アドミッタンス Y に交流電圧 E が印加されているため，回路全体に流れる電流 I は，以下で求められる．

$$I = Y\cdot E = 5\angle -37°\cdot 1 = 5\angle -37°\,(\mathrm{A}) \tag{6.10.4}$$

抵抗，コイルには交流電圧 E が印加されているため，それぞれには以下の電流 I_R, I_L が流れる．

$$I_R = G\cdot E = 4\cdot 1 = 4\,(\mathrm{A}) \tag{6.10.5}$$

$$I_L = jB_L\cdot E = -j3\cdot 1 = -j3 = 3\angle -90°\,(\mathrm{A}) \tag{6.10.6}$$

■別解 抵抗，コイルを流れる電流を分流の定理を用いて求めると以下となる．

$$I_R = \frac{G}{G + jB_L}I$$

$$I_L = \frac{jB_L}{G + jB_L}I$$

【演習 6.11】

図 6.12(a) の回路で，アドミタンス Y_1, Y_2 で発生する電圧 V_1, V_2 を分圧の定理を用いて求めよ．また，(b) の回路で，アドミタンス Y_3, Y_4 に流れる電流 I_3, I_4 を分流の定理を用いて求めよ．

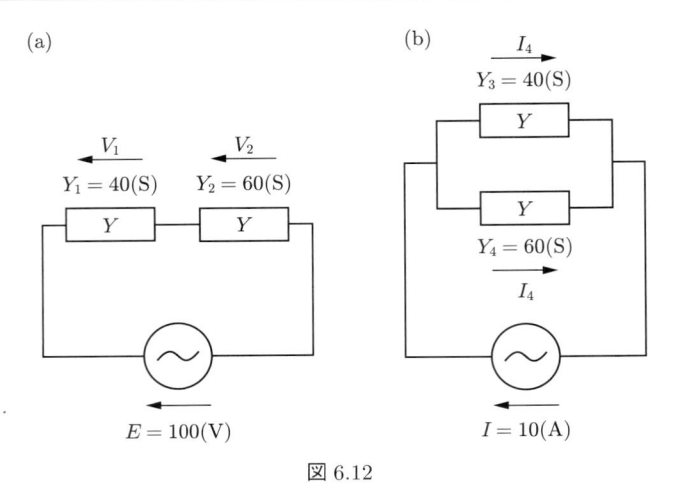

図 6.12

インピーダンス Z を用いた分圧の定理をアドミタンス Y を用いて表すと以下になる．

$$V_1 = \frac{Z_1}{Z_1 + Z_1}E$$
$$= \frac{\frac{1}{Y_1}}{\frac{1}{Y_1} + \frac{1}{Y_2}}E$$
$$= \frac{\frac{1}{Y_1}}{\frac{Y_1+Y_2}{Y_1 Y_2}}E$$
$$= \frac{Y_2}{Y_1 + Y_2}E$$

分子に注目すること．

【演習解答】

(a) アドミタンス Y_1, Y_2 で発生する電圧

アドミタンスを用いた分圧の定理を用いると，各アドミタンスで発生する電圧 V_1, V_2 は，以下になる．

$$V_1 = \frac{Y_2}{Y_1 + Y_2}E$$
$$= \frac{60}{40 + 60}100 = 60 \text{ (V)} \tag{6.11.1}$$
$$V_2 = \frac{Y_1}{Y_1 + Y_2}E$$
$$= \frac{40}{40 + 60}100 = 40 \text{ (V)} \tag{6.11.2}$$

インピーダンス Z を用いた分流の定理をアドミタンス Y を用いて表すと以下になる．

$$I_1 = \frac{Z_2}{Z_1 + Z_1}I$$
$$= \frac{\frac{1}{Y_2}}{\frac{1}{Y_1} + \frac{1}{Y_2}}I$$
$$= \frac{\frac{1}{Y_2}}{\frac{Y_1+Y_2}{Y_1 Y_2}}I$$
$$= \frac{Y_1}{Y_1 + Y_2}I$$

分子に注目すること．

(b) アドミタンス Y_3, Y_4 に流れる電流

アドミタンスを用いた分流の定理を用いると，各アドミタンスに流れる電流 I_3, I_4 は，以下になる．

$$I_3 = \frac{Y_3}{Y_3 + Y_4}I$$
$$= \frac{40}{40 + 60}10 = 4 \text{ (A)} \tag{6.11.3}$$
$$I_4 = \frac{Y_4}{Y_3 + Y_4}I$$
$$= \frac{60}{40 + 60}10 = 6 \text{ (A)} \tag{6.11.4}$$

第7章 フェーザ軌跡

(a) フェーザ図

複素数を用いた交流回路の解析では，電圧，電流，インピーダンスなどを複素平面上にフェーザ図として表す．例えば，電圧 E をインピーダンス $Z = R + jX$ である負荷に印加した場合に流れる電流 $I = \frac{R}{R^2+X^2}E - j\frac{X}{R^2+X^2}E$ は，図7.1のフェーザ図で表すことが出来る．

複素平面は，横軸が実数，縦軸が虚数である．

負荷のリアクタンスが正 ($X > 0$) であることから，本説明で用いている回路はRL回路である．

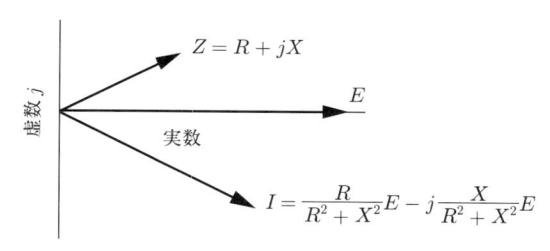

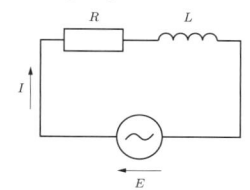

図7.1 フェーザ図

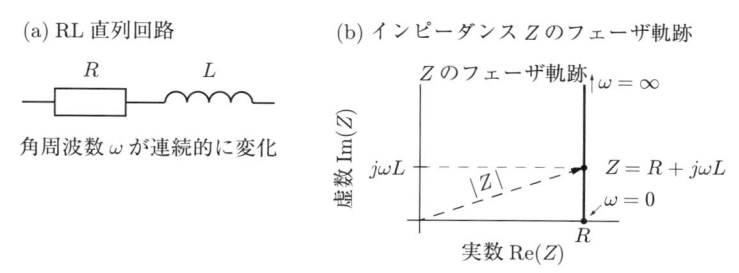

(b) フェーザ軌跡

フェーザ軌跡は，角周波数 ω など1つのパラメータを変化させたときの電圧，電流またはインピーダンスの変化を複素平面上に描いた図である．例えば，図7.2(a) に示すRL直列回路のインピーダンスは，$Z = R + j\omega L$ であり，その実数部 $\text{Re}(Z)$ および虚数部 $\text{Im}(Z)$ は以下となる．

$$\text{実数部} \quad \text{Re}(Z) = R \tag{1}$$

$$\text{虚数部} \quad \text{Im}(Z) = \omega L \tag{2}$$

RL直列回路では，角周波数 ω が変化した場合，インピーダンス Z の虚数部が変化するため，インピーダンス Z のフェーザも変化する．そのフェーザの先端の変化をフェーザ軌跡として描くと，図7.2(b) になる．

角周波数は0または正 ($\omega \geq 0$) であるため，RL直列回路のインピーダンス Z のリアクタンス成分は0または正 ($X = \omega L \geq 0$) となる．そのため，RL直列回路のフェーザ軌跡は虚数部が正のみとなる．

図7.2 フェーザ軌跡

【演習 7.1】

図 7.3 に示す RL 直列回路で，交流電圧源の角周波数 ω が連続的に変化したときに，回路に流れる電流 I のフェーザ軌跡を求めよ．また，この回路で発生する有効電力 P_a および無効電力 P_r を求めよ．

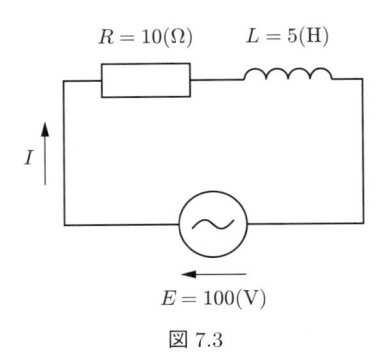

図 7.3

【演習解答】

(a) RL 回路に流れる電流 I を求める

図 7.3 の RL 直列回路に流れる電流 I は以下である．

$$I = \frac{E}{Z} = \frac{E}{R + jX_L} = \frac{100}{10 + j5\omega} \quad (\text{A}) \tag{7.1.1}$$

(b) 電流を実数部と虚数部に分ける

式 (7.1.1) の電流 I を有理化し，実数部 $\mathrm{Re}(I)$，虚数部 $\mathrm{Im}(I)$ に分けると，以下の式になる．

角周波数 ω は 0 または正であるため，電流 I の実数部，虚数部は以下になる．

実数部：$\mathrm{Re}(I) \geqq 0$

虚数部：$\mathrm{Im}(I) \leqq 0$

$$I = \frac{100(10 - j5\omega)}{(10 + j5\omega)(10 - j5\omega)} = \frac{40 - j20\omega}{4 + \omega^2} \quad (\text{A})$$

$$実数部：\mathrm{Re}(I) = \frac{40}{4 + \omega^2} \quad (\text{A}) \tag{7.1.2}$$

$$虚数部：\mathrm{Im}(I) = -\frac{20\omega}{4 + \omega^2} \quad (\text{A}) \tag{7.1.3}$$

(c) 実数部と虚数部の関係を求める

円の式は以下である．

$$(x - a)^2 + (y - b)^2 = r^2$$

この円の中心は (a, b) であり，半径は $|r|$ である．

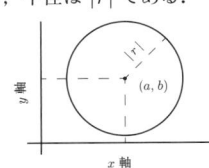

電流 I の実数部と虚数部の式 (7.1.2)，(7.1.3) から角周波数 ω の式を求める．

$$\frac{\mathrm{Re}(I)}{\mathrm{Im}(I)} = -\frac{2}{\omega} \quad \therefore \quad \omega = -2\frac{\mathrm{Im}(I)}{\mathrm{Re}(I)} \tag{7.1.4}$$

式 (7.1.4) で求めた ω を式 (7.1.2) に代入すると，以下の円の式が得られる．

$$\bigl(\mathrm{Re}(I) - 5\bigr)^2 + \bigl(\mathrm{Im}(I) - 0\bigr)^2 = 5^2 \tag{7.1.5}$$

式 (7.1.5) は，中心が $(5, j0)$ で，半径が 5 の円を表している．ただし，式 (7.1.3) に示したインピーダンス Z の虚数成分は常に負であるため，式 (7.1.5) のフェーザ軌跡の虚数部は負のみである．

(d) フェーザ軌跡を描く

式 (7.1.5) から RL 直列回路に流れる電流 I のフェーザ軌跡は図 7.4 である．角周波数が $\omega = \infty$ とき，実数部，虚数部はともに 0 (A) となる．$\omega = 0$ （直流）のときは，実数部は $\text{Re}(I) = 10$ (A) となり，虚数部は $\text{Im}(I) = 0$ (A) となる．角周波数 ω が 0 から ∞ の間で変化すると，電流 I と電圧 E の位相差 θ は $0°$ から $-90°$ の間で変化する．

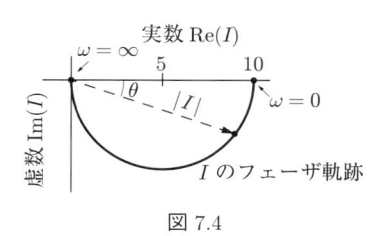

角周波数が，$\omega = \infty$ のとき，実数部および虚数部は式 (7.1.2), (7.1.3) を用いて以下となる．

$$\text{Re}(I) = \frac{40}{4+\infty^2}$$
$$= \frac{1}{\infty^2} = 0$$
$$\text{Im}(I) = -\frac{20\infty}{4+\infty^2}$$
$$= -\frac{1}{\infty} = 0$$

図 7.4

(e) RL 直列回路で発生する電力を求める

図 7.3 の回路で発生する有効電力 P_a および無効電力 P_r は，それぞれ複素電力 P の実数部 $\text{Re}(P)$ および虚数部 $\text{Im}(P)$ である．

有効電力：
$$P_a = \text{Re}(P) = \text{Re}(\overline{E}I) = \text{Re}\left(\overline{100} \cdot \frac{40 - j20\omega}{4+\omega^2}\right)$$
$$= \frac{4000}{4+\omega^2} \quad \text{(W)} \tag{7.1.6}$$

無効電力：
$$P_r = \text{Im}(P) = \text{Im}(\overline{E}I) = \text{Im}\left(\overline{100} \cdot \frac{40 - j20\omega}{4+\omega^2}\right)$$
$$= -\frac{2000\omega}{4+\omega^2} \quad \text{(var)} \tag{7.1.7}$$

複素電力は，以下の式で求められる（第 8 章を参照）．

$$P = \overline{E}I$$

$\overline{E}$ は，E の共役複素数を示す．E が実数である場合，$\overline{E} = E$ となる（例 $\overline{100} = 100$）．

■補足説明

電流のフェーザ軌跡（図 7.4）に電圧 $\overline{E}$ を掛けると図 7.3 の回路で発生する複素電力 P の軌跡となる（図 7.5）．この電力軌跡は，角周波数による有効電力および無効電力の変化を表している．

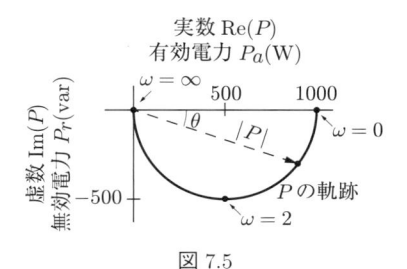

無効電力が最大となる角周波数 ω は，無効電力 $\text{Im}(P)$ を ω で微分することで求められる．

$$\frac{d\text{Im}(P)}{d\omega} = 0$$
$$\therefore \omega = 2$$

図 7.5

【演習 7.2】
図 7.6 の回路で，角周波数 ω が連続的に変化するとき，合成インピーダンス Z のフェーザ軌跡を求めよ．

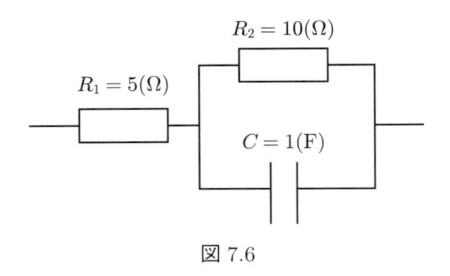

図 7.6

【演習解答】
(a) 抵抗 R_1 のフェーザ軌跡を描く

図 7.6 の回路は，抵抗 R_1（図 7.7(a)）および抵抗 R_2 とコンデンサ C の並列回路（図 7.8(a)）が直列に接続されている．抵抗 R_1 のフェーザ軌跡は，$R_1 = 5(\Omega)$ の一点である．

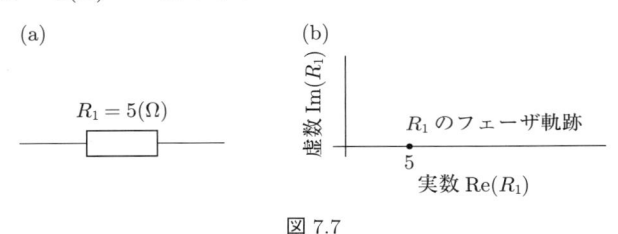

図 7.7

(b) R_2C 並列回路のフェーザ軌跡を描く

抵抗 R_2 とコンデンサ C の並列回路（図 7.8(a)）の合成インピーダンス Z_{RC} は，以下である．

$$Z_{RC} = \frac{R_2\left(-j\frac{1}{\omega C}\right)}{R_2 - j\frac{1}{\omega C}} = \frac{10\left(-j\frac{1}{\omega}\right)}{10 - j\frac{1}{\omega}} = \frac{\frac{10}{\omega^2} - j\frac{100}{\omega}}{100 + \frac{1}{\omega^2}} \ (\Omega) \tag{7.2.1}$$

合成インピーダンス Z_{RC} の実数部 $\mathrm{Re}(Z_{RC})$，虚数部 $\mathrm{Im}(Z_{RC})$ は，以下である．

$$\text{実数部}：\mathrm{Re}(Z_{RC}) = \frac{\frac{10}{\omega^2}}{100 + \frac{1}{\omega^2}} \ (\Omega) \tag{7.2.2}$$

$$\text{虚数部}：\mathrm{Im}(Z_{RC}) = \frac{-\frac{100}{\omega}}{100 + \frac{1}{\omega^2}} \ (\Omega) \tag{7.2.3}$$

角周波数 ω と実数部 $\mathrm{Re}(Z_{RC})$，虚数部 $\mathrm{Im}(Z_{RC})$ の関係は，以下である．

角周波数 ω は 0 または正であるため，インピーダンス Z_{RC} の実数部，虚数部は以下となる．

実数部：$\mathrm{Re}(Z_{RC}) \geqq 0$
虚数部：$\mathrm{Im}(Z_{RC}) \leqq 0$

$$\frac{\text{Re}(Z_{RC})}{\text{Im}(Z_{RC})} = -\frac{1}{10\omega} \qquad \therefore \quad \omega = -\frac{1}{10}\frac{\text{Im}(Z_{RC})}{\text{Re}(Z_{RC})} \tag{7.2.4}$$

式 (7.2.4) で求めた ω を式 (7.2.2) に代入すると，以下の円の式が得られる．

円の式は以下である．
$$(x-a)^2 + (y-b)^2 = r^2$$
この円の中心は (a,b) であり，半径は $|r|$ である．

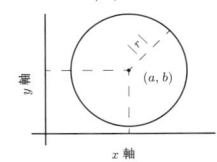

$$\left(\text{Re}(Z_{RC}) - 5\right)^2 + \left(\text{Im}(Z_{RC}) - 0\right)^2 = 5^2 \tag{7.2.5}$$

式 (7.2.5) は，中心が $(5, j0)$ で，半径が 5 の円を表している．ただし，式 (7.2.3) に示したインピーダンス Z_{RC} の虚数成分は常に負であるため，式 (7.2.5) のフェーザ軌跡の虚数部は負のみである．

以上から，R_2C 並列回路の合成インピーダンス Z_{RC} のフェーザ軌跡は図 7.8(b) となる．

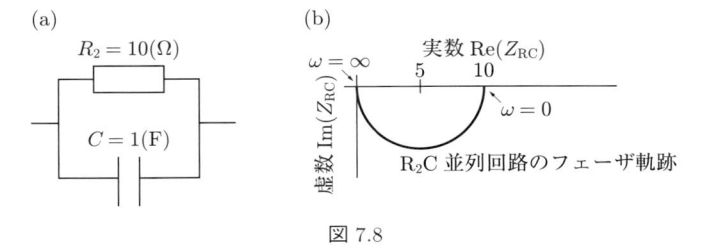

図 7.8

(c) 回路全体のインピーダンス Z のフェーザ軌跡を描く

図 7.6 の回路の合成インピーダンス Z は，以上で求めた抵抗 R と R_2C 並列回路の合成インピーダンス Z_{RC} の和である．

$$Z = R_1 + Z_{RC} \tag{7.2.6}$$

このことから，合成インピーダンス Z のフェーザ軌跡は，抵抗 R_1 と RC 並列回路のフェーザ軌跡の和となり，図 7.9 になる．

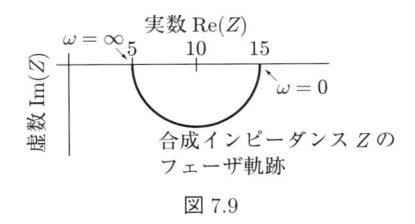

図 7.9

【演習 7.3】

図 7.10 に示す RL 直列回路で，抵抗を $R = 0 \sim \infty$ (Ω) で変化させた．この回路に流れる電流 I のフェーザ軌跡を求めよ．ただし，周波数は $f = 50$ (Hz) で一定とする．

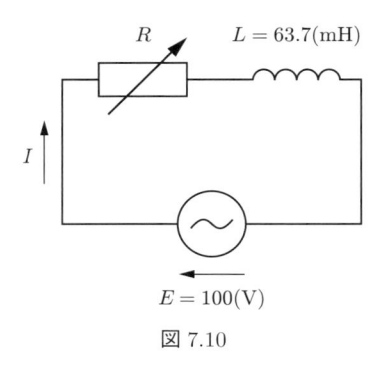

図 7.10

【演習解答】

(a) RL 直列回路に流れる電流を求める

図 7.10 の RL 直列回路に流れる電流 I は以下である．

$$I = \frac{E}{R + j\omega L} = \frac{100}{R + j20} \text{ (A)} \tag{7.3.1}$$

(b) 電流を実数部と虚数部に分ける

式 (7.3.1) の電流 I を有利化し，実数部 $\mathrm{Re}(I)$，虚数部 $\mathrm{Im}(I)$ に分けると，以下の式になる．

$$I = \frac{100(R - j20)}{(R + j20)(R - j20)} = \frac{100R - j2000}{R^2 + 400} \text{ (A)}$$

$$\text{実数部：} \mathrm{Re}(I) = \frac{100R}{R^2 + 400} \text{ (A)} \tag{7.3.2}$$

$$\text{虚数部：} \mathrm{Im}(I) = -\frac{2000}{R^2 + 400} \text{ (A)} \tag{7.3.3}$$

抵抗 R は 0 または正であるため，電流 I の実数部，虚数部は以下となる．

実数部：$\mathrm{Re}(I) \geqq 0$

虚数部：$\mathrm{Im}(I) \leqq 0$

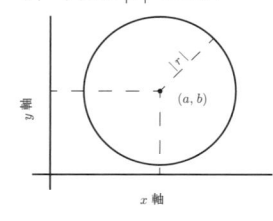

(c) 実数部と虚数部の関係を求める

電流 I の実数部と虚数部は，ともに抵抗 R の関数である．電流 I のフェーザ軌跡を描くためには，以下のように実数部 $\mathrm{Re}(I)$ と虚数部 $\mathrm{Im}(I)$ の関係式を求める必要がある．

電流 I の実数部と虚数部の式 (7.3.2)，(7.3.3) から抵抗 R の式を求める．

$$\frac{\mathrm{Re}(I)}{\mathrm{Im}(I)} = -\frac{R}{20} \quad \therefore \quad R = -20\frac{\mathrm{Re}(I)}{\mathrm{Im}(I)} \tag{7.3.4}$$

円の式は以下である．

$$(x - a)^2 + (y - b)^2 = r^2$$

この円の中心は (a, b) であり，半径は $|r|$ である．

式 (7.3.4) で求めた R を式 (7.3.2) に代入すると，以下の円の式が得られる．

$$\bigl(\mathrm{Re}(I) - 0\bigr)^2 + \bigl(\mathrm{Im}(I) + 2.5\bigr)^2 = 2.5^2 \tag{7.3.5}$$

式 (7.3.5) は，中心が $(0, -j2.5)$ で，半径が 2.5 の円を示している．ただし，式 (7.3.2) に示した電流 I の実数部は常に正であるため，式 (7.3.5) のフェーザ軌跡の実数部は正のみである．

(d) フェーザ軌跡を描く

式 (7.3.5) から，電流 I のフェーザ軌跡は図 7.11 になる．抵抗が $R = 0$ のときは，実数部は $\mathrm{Re}(I) = 0\,(\mathrm{A})$ となり，虚数部は $\mathrm{Im}(I) = -j5\,(\mathrm{A})$ になる．一方，抵抗が $R = \infty$ のとき電流の実数部，虚数部はともに $0\,(\mathrm{A})$ になる．

抵抗 R が 0 から ∞ まで変化すると，電流 I と電圧 E の位相差 θ は 90° から 0° まで変化する．

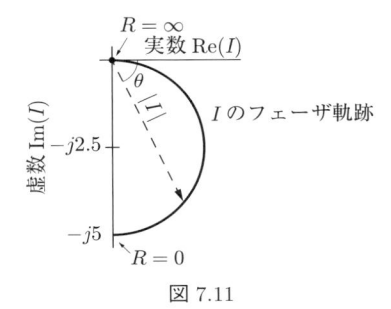

図 7.11

【演習 7.4】

図 7.12 に示す RC 直列回路で,角周波数 ω が連続的に変化するときの合成インピーダンス Z および合成アドミッタンス Y のフェーザ軌跡をそれぞれ求めよ.

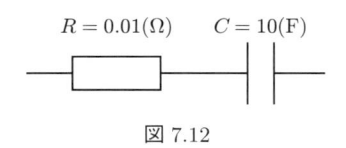

図 7.12

【演習解答】

(a) RC 直列回路の合成インピーダンスのフェーザ軌跡を求める

RC 直列回路の合成インピーダンス Z は以下となる.

$$Z = R - j\frac{1}{\omega C} = 0.01 - j\frac{1}{\omega 10} \; (\Omega) \tag{7.4.1}$$

この合成インピーダンス Z のフェーザ軌跡は図 7.13(a) となる.

角周波数 ω は 0 または正であるため,インピーダンス Z の実数部,虚数部は以下となる.

実数部:$\mathrm{Re}(Z) > 0$

虚数部:$\mathrm{Im}(Z) \leqq 0$

(b) RC 直列回路の合成アドミッタンスのフェーザ軌跡を求める.

RC 直列回路の合成アドミッタンス Y を求め,それを実数部 $\mathrm{Re}(Y)$,虚数部 $\mathrm{Im}(Y)$ に分けると以下になる.

$$Y = \frac{\frac{1}{R} \cdot j\omega C}{\frac{1}{R} + j\omega C} = \frac{\frac{1}{0.01} \cdot j\omega 10}{\frac{1}{0.01} + j\omega 10} = \frac{j100\omega}{10 + j\omega} \; (\mathrm{S}) \tag{7.4.2}$$

$$\text{実数部:} \mathrm{Re}(Y) = \frac{100 \cdot \omega^2}{100 + \omega^2} \; (\mathrm{S}) \tag{7.4.3}$$

$$\text{虚数部:} \mathrm{Im}(Y) = \frac{1000\omega}{100 + \omega^2} \; (\mathrm{S}) \tag{7.4.4}$$

角周波数 ω は 0 または正であるため,アドミッタンス Y の実数部,虚数部は以下となる.

実数部:$\mathrm{Re}(Y) \geqq 0$

虚数部:$\mathrm{Im}(Y) \geqq 0$

角周波数 ω と実数成分 $\mathrm{Re}(Y)$,虚数成分 $\mathrm{Im}(Y)$ の関係は以下である.

$$\frac{\mathrm{Re}(Y)}{\mathrm{Im}(Y)} = \frac{\omega}{10} \quad \therefore \quad \omega = 10\frac{\mathrm{Re}(Y)}{\mathrm{Im}(Y)} \tag{7.4.5}$$

式 (7.4.5) で求めた ω を式 (7.4.3) に代入すると,以下の円の式が得られる.

$$\left(\mathrm{Re}(Y) - 50\right)^2 + \left(\mathrm{Im}(Y) - 0\right)^2 = 50^2 \tag{7.4.6}$$

式 (7.4.6) からアドミッタンス Y のフェーザ軌跡は図 7.13(b) となる.

RC 直列回路の合成インピーダンスの虚数成分は負である.一方,合成アドミッタンスの虚数成分は正である.そのため,それぞれのフェーザ軌跡は,複素平面の第 4 象限と第 1 象限に描かれる.

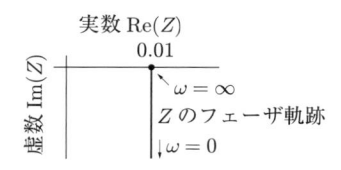

(a) 合成インピーダンス　　(b) 合成アドミッタンス

図 7.13

第8章 交流電力

交流回路で，負荷（インピーダンス）Z に以下の交流電圧（瞬時値）$e(t)$ を印加し，交流電流（瞬時値）$i(t)$ が流れた場合（図 8.1），その負荷で発生する瞬時電力は交流電圧と交流電流の積（$p(t) = e(t) \cdot i(t)$）で求められる．

交流電圧　$v(t) = V_m \sin \omega t$ (1)

交流電流　$i(t) = I_m \sin(\omega t - \theta)$ (2)

瞬時電力　$p(t) = v(t) \cdot i(t) = V_m \sin \omega t \cdot I_m \sin(\omega t - \theta)$
$= \dfrac{V_m I_m}{2} \cos \theta - \dfrac{V_m I_m}{2} \cos(2\omega t - \theta)$ (3)

瞬時電力 $p(t)$ の時間平均は，有効電力 P_a と呼ばれる．有効電力の計算（式 (4)）で，$\cos \theta$ は力率と呼ばれる．

有効電力　$P_a = \dfrac{1}{T} \displaystyle\int_0^T p(t) = \dfrac{V_m I_m}{2} \cos \theta$ (4)

複素数を用いた交流回路解析で，負荷（インピーダンス）Z に電圧 V を印加し，電流 $I \angle \theta$ が流れた場合（図 8.2），その負荷では以下の 3 種類の電力が発生する．

(a) 有効電力 P_a (W)

電圧と電流のフェーザ図（図 8.3）で，電圧と位相が等しい電流成分（$I \cos \theta$）と電圧 V の積は有効電力 P_a であり，単位はワット (W) である．また，$\cos \theta$ は力率である．

有効電力　$P_a = V \cdot I = |V||I| \cos \theta$ (5)

(b) 無効電力 P_r (var)

電圧と電流のフェーザ図（図 8.3）で，電圧と位相が 90° 異なる電流成分（$I \sin \theta$）と電圧 V の積は，無効電力 P_r と呼ばれる．その単位は，ボルトアンペアリアクティブまたはバル (var) である．

無効電力　$P_r = V \times I = |V||I| \sin \theta$ (6)

(c) 皮相電力 $|P|$ (VA)

電圧 V と電流 I の大きさの積は，皮相電力 $|P|$ と呼ばれる．その単位はボルトアンペア (VA) である．

皮相電力　$|P| = |V||I|$ (7)

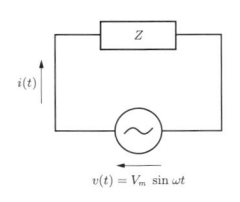

図 8.1

三角関数の計算では，以下の公式を用いる．

$\sin \alpha \sin \beta$
$= \dfrac{1}{2} \{\cos(\alpha - \beta)$
$\quad - \cos(\alpha + \beta)\}$

$Z = R - jX = Z\angle -\theta$

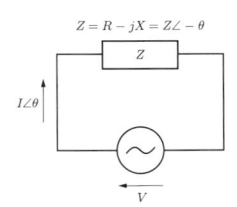

図 8.2

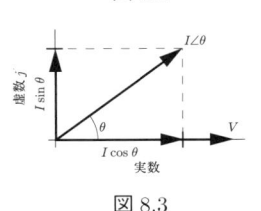

図 8.3

有効電力は，消費電力とも呼ばれる．
θ は電圧と電流の位相差である

力率 $\cos \theta$ は，有効電力 P_a と皮相電力 $|P|$ を用いて，以下の式でも求められる．

$\cos \theta = \dfrac{P_a}{|P|}$

【演習 8.1】

図 8.4 の回路で発生する瞬時電力 $p(t)$ と平均電力（有効電力）P_a を求めよ．ただし，交流電圧源の周波数を $f = 50\,(\mathrm{Hz})$ とする．

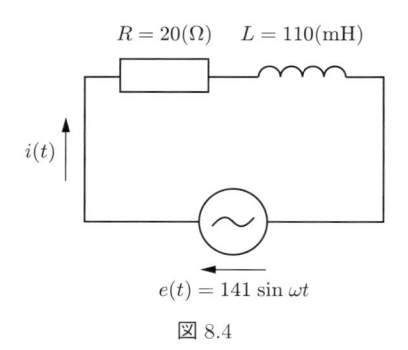

図 8.4

【演習解答】

(a) 回路に流れる電流を求める

図 8.4 の RL 回路に流れる電流の瞬時値 $i(t)$ は，以下である．

> RL 回路に流れる電流の計算は，演習 5.3 を参照．

$$i(t) = 3.53 \sin\left(\omega t - \frac{\pi}{3}\right) \tag{8.1.1}$$

(b) 瞬時電力を求める

回路で発生する瞬時電力 $p(t)$ は，交流電圧源の瞬時値 $e(t)$ と回路を流れる電流の瞬時値 $i(t)$ の積で求められる．

> 三角関数の計算では，以下の公式を用いる．
> $\sin\alpha\sin\beta$
> $= \frac{1}{2}\{\cos(\alpha-\beta)$
> $\quad - \cos(\alpha+\beta)\}$

$$\begin{aligned}p(t) &= e(t)\cdot i(t) = 141\sin\omega t \cdot 3.53\sin\left(\omega t - \frac{\pi}{3}\right)\\ &= \frac{141\cdot 3.53}{2}\left\{\cos\left(\omega t - \left(\omega t - \frac{\pi}{3}\right)\right) - \cos\left(\omega t + \left(\omega t - \frac{\pi}{3}\right)\right)\right\}\\ &= 249\left\{\cos\frac{\pi}{3} - \cos\left(2\omega t - \frac{\pi}{3}\right)\right\}\end{aligned} \tag{8.1.2}$$

(c) 平均電力（有効電力）を求める

平均電力（有効電力）P_a は，瞬時電力 $p(t)$ の時間平均であるため，以下となる．なお，T は周期であり，$T = \frac{1}{f} = 0.02\,(秒)$ である．

> 余弦波 ($\cos\theta$) を一周期の間積分すると 0 になる．そのため，平均電力の計算式 (8.1.3) の第二項は 0 である．
> $\int_0^T \cos\omega t\,dt = 0$

$$\begin{aligned}P_a &= \frac{1}{T}\int_0^T p(t)\,dt\\ &= \frac{1}{0.02}\int_0^{0.02} 249\left\{\cos\frac{\pi}{3} - \cos\left(2\omega t - \frac{\pi}{3}\right)\right\}dt \tag{8.1.3}\\ &= \frac{1}{0.02}\left[\left(249\cos\frac{\pi}{3}\right)\cdot t\right]_0^{0.02} - \frac{1}{0.02}\left[249\frac{1}{2\omega}\sin\left(2\omega t - \frac{\pi}{3}\right)\right]_0^{0.02}\\ &= \frac{1}{0.02}\left\{\left(249\cos\frac{\pi}{3}\right)\cdot 0.02 - \left(249\cos\frac{\pi}{3}\right)\cdot 0\right\}\\ &= 125\,(\mathrm{W}) \tag{8.1.4}\end{aligned}$$

【演習 8.2】

図 8.5 の回路で発生する瞬時電力 $p(t)$ と平均電力（有効電力）P_a を求めよ．ただし，交流電圧源の周波数を $f = 50\,(\text{Hz})$ とする．

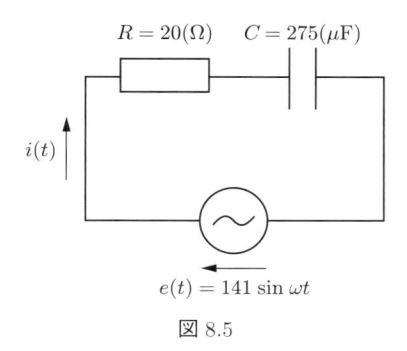

図 8.5

【演習解答】

(a) 回路に流れる電流を求める

図 8.5 の RC 回路に流れる電流の瞬時値 $i(t)$ は，以下である．

$$i(t) = 6.1 \sin\left(\omega t + \frac{\pi}{6}\right) \tag{8.2.1}$$

RC 回路に流れる電流の計算は，演習 5.4 を参照．

(b) 瞬時電力を求める

回路で発生する瞬時電力 $p(t)$ は，交流電圧源の瞬時値 $e(t)$ と回路を流れる電流の瞬時値 $i(t)$ の積で求められる．

$$\begin{aligned}
p(t) &= e(t) \cdot i(t) = 141 \sin \omega t \cdot 6.1 \sin\left(\omega t + \frac{\pi}{6}\right) \\
&= \frac{141 \cdot 6.1}{2} \left\{ \cos\left(\omega t - \left(\omega t + \frac{\pi}{6}\right)\right) - \cos\left(\omega t + \left(\omega t + \frac{\pi}{6}\right)\right) \right\} \\
&= 430 \left\{ \cos\left(-\frac{\pi}{6}\right) - \cos\left(2\omega t + \frac{\pi}{6}\right) \right\} \tag{8.2.2}
\end{aligned}$$

三角関数の計算では，以下の公式を用いる．

$$\sin\alpha \sin\beta$$
$$= \frac{1}{2}\{\cos(\alpha - \beta)$$
$$- \cos(\alpha + \beta)\}$$

(c) 平均電力（有効電力）を求める

平均電力（有効電力）P_a は，瞬時電力 $p(t)$ の時間平均であるため，以下となる．なお，T は周期であり，$T = \frac{1}{f} = 0.02$（秒）である．

$$\begin{aligned}
P_a &= \frac{1}{T} \int_0^T p(t) dt \\
&= \frac{1}{0.02} \int_0^{0.02} 430 \left\{ \cos\left(-\frac{\pi}{6}\right) - \cos\left(2\omega t + \frac{\pi}{6}\right) \right\} dt \tag{8.2.3} \\
&= \frac{1}{0.02} \left[\left(430 \cos\left(-\frac{\pi}{6}\right)\right) \cdot t \right]_0^{0.02} \\
&\quad - \frac{1}{0.02} \left[430 \frac{1}{2\omega} \sin\left(2\omega t + \frac{\pi}{6}\right) \right]_0^{0.02} \\
&= \frac{1}{0.02} \left\{ \left(430 \cos\left(-\frac{\pi}{6}\right)\right) \cdot 0.02 - \left(430 \cos\frac{\pi}{6}\right) \cdot 0 \right\} \\
&= 372\,(\text{W}) \tag{8.2.4}
\end{aligned}$$

余弦波（$\cos\theta$）を一周期の間積分すると 0 となる．そのため，平均電力の計算式 (8.2.3) の第二項は 0 である．

$$\int_0^T \cos\omega t\, dt = 0$$

図 8.6 に示す RLC 直列回路の共振周波数は $f_0 = 50$ (Hz) である．

【演習 8.3】
図 8.6 に示す RLC 直列回路の交流電圧源の周波数が $f_0 = 50$ (Hz) および $f_1 = 100$ (Hz) であるとき，この回路で発生する有効電力 P_a，無効電力 P_r，皮相電力 $|P|$ を求めよ．

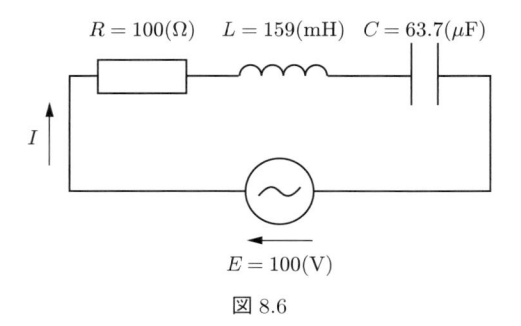

図 8.6

【演習解答】
(a) 交流電圧源の周波数が $f_0 = 50$ (Hz) である場合

交流電圧源の周波数が RLC 直列共振回路の共振周波数 $f_0 = 50$ (Hz) と同じである場合，その回路は交流電圧源 E と抵抗 R の等価回路で表せられる（図 8.7）．そのとき，回路に流れる電流 I_0 は以下となる．

$$I_0 = \frac{E}{R} = \frac{100}{100} = 1\angle 0° \text{ (A)} \tag{8.3.1}$$

交流電圧源の電圧 E および電流 I_0 から，回路で発生する有効電力 P_a，無効電力 P_r，皮相電力 $|P|$ は以下となる．

$$P_a = E \cdot I_0 = 100 \cdot 1 \cdot \cos 0° = 100 \text{ (W)} \tag{8.3.2}$$

$$P_r = E \times I_0 = 100 \cdot 1 \cdot \sin 0° = 0 \text{ (var)} \tag{8.3.3}$$

$$|P| = |V||I_0| = 100 \cdot 1 = 100 \text{ (VA)} \tag{8.3.4}$$

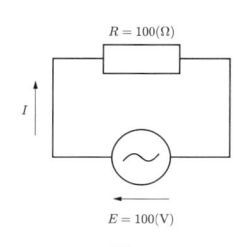

図 8.7

共振状態の RLC 回路には，リアクタンス成分がないため，無効電力は $P_r = 0$ (var) となる．

交流電圧源の周波数が回路の共振周波数と異なる場合，RLC 直列回路の合成インピーダンスの大きさ $|Z|$ は抵抗 R より大きくなる（$|Z| > R$）．
共振周波数以外の周波数では，インピーダンス Z が高いため，回路を流れる電流 I が減少する．また，電圧と電流の位相差 θ が大きくなるため，力率 $\cos\theta$ が下がる．これらによって，有効電力 P_a は減少する．

(b) 交流電圧源の周波数が $f_1 = 100$ (Hz) である場合

交流電圧源の周波数が $f_1 = 100$ (Hz) である場合，この回路に流れる電流 I_1 は以下である．

$$I_1 = \frac{E}{R + j2\pi f_1 L - j\frac{1}{2\pi f_1 C}} = 0.8\angle -36.8° \text{ (A)} \tag{8.3.5}$$

交流電圧源の電圧 E および電流 I_1 から，本回路で発生する有効電力 P_a，無効電力 P_r，皮相電力 $|P|$ が求められる．

$$P_a = E \cdot I_0 = 100 \cdot 0.8 \cdot \cos(-36.8°) = 64.1 \text{ (W)} \tag{8.3.6}$$

$$P_r = E \times I_0 = 100 \cdot 0.8 \cdot \sin(-36.8°) = -47.9 \text{ (var)} \tag{8.3.7}$$

$$|P| = |V||I_0| = 100 \cdot 0.8 = 80 \text{ (VA)} \tag{8.3.8}$$

【演習 8.4】

図 8.8 に示す RL 回路で，有効電力 P_a，無効電力 P_r，皮相電力 $|P|$ を複素電力を用いて求めよ．ただし，交流電圧源の周波数を $f = 50\,(\text{Hz})$ とする．

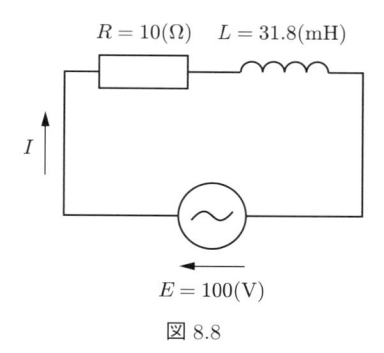

図 8.8

【演習解答】

(a) 回路に流れる電流を求める

図 8.8 の回路に流れる電流 I は，RL 直列回路の複素インピーダンス Z を用いて，以下となる．

$$I = \frac{E}{Z} = \frac{E}{R + j\omega L} = \frac{100}{10 + j2\pi \cdot 50 \cdot 31.8 \times 10^{-3}} = 5 - j5$$
$$= 7.07\angle -45°\,(\text{A}) \tag{8.4.1}$$

(b) 複素電力を求める

複素電力 P は，交流電圧源の電圧 E および回路を流れる電流 I を用いて，以下となる．

$$P = \overline{E}I = \overline{100} \cdot 7.07\angle -45° = 707\angle -45°$$
$$= 707\cos(-45°) + j707\sin(-45°)$$
$$= 500 - j500 \tag{8.4.2}$$

有効電力 P_a および無効電力 P_a は，それぞれ複素電力の実数部 $\text{Re}(P)$ および虚数部 $\text{Im}(P)$ である．また，皮相電力 $|P|$ は複素電力の大きさである．

$$P_a = \text{Re}(P) = 500\,(\text{W}) \tag{8.4.3}$$
$$P_a = \text{Im}(P) = -500\,(\text{var}) \tag{8.4.4}$$
$$|P| = 707\,(\text{VA}) \tag{8.4.5}$$

実数の共役複素数は，符号が変わらない．

$$\overline{100} = 100$$

複素電力 P は，以下の式でも求められる．

$$P = \overline{E}I$$
$$= \overline{100}(5 - j5)$$
$$= 500 - j500$$

皮相電力 $|P|$ は，以下の式でも求められる．

$$|P| = \sqrt{\text{Re}(P)^2 + \text{Im}(P)^2}$$

交流電流源とは，交流が出力される電流源である．記号は，交流電圧源と同じである．

【演習 8.5】
図 8.9 に示す抵抗とコイルで構成された回路に交流電流源が接続されている．この回路で消費される電力 P_a を求めよ．

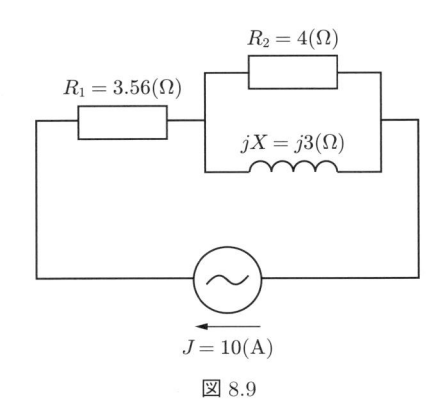

図 8.9

【演習解答】

(a) 負荷の抵抗成分を求める

負荷で消費される電力（消費電力）とは，有効電力のことである．有効電力は負荷の抵抗成分で発生することから，負荷の抵抗成分を求める必要がある．

負荷の合成インピーダンス Z は，以下で求められる．

$$Z = R_1 + \frac{R_2 \cdot jX}{R_2 + jX} = 3.56 + \frac{4 \cdot j3}{4 + j3}$$
$$= 5 + j1.92 \, (\Omega) \tag{8.5.1}$$

式 (8.5.1) から，負荷の合成インピーダンス Z の抵抗成分は，$R = 5 \, (\Omega)$ となる．

本問題は，負荷の合成インピーダンス Z を求め，その力率，電流，負荷に印加される電圧から消費電力（有効電力）を求めることも可能である．

(b) 負荷の消費電力を求める

負荷で消費される電力 P_a は，負荷の合成インピーダンスの抵抗成分 R と負荷に流れる電流 J から，以下で求められる．

$$P_a = R|J|^2 = 5 \cdot 10^2 = 500 \, (\text{W}) \tag{8.5.2}$$

【演習 8.6】

図 8.10 の回路で，インピーダンス Z の負荷に交流電圧 $E = |E|$ を印加したところ，電流 $I = |I|\angle\theta$ が流れた．この負荷で発生する有効電力 P_a および無効電力 P_r を，電圧 E と電流 I のみを用いて表せ．

電圧および電流は複素数で表記されている．
この回路では，電流 I は，電圧 E より，位相が θ 進んでいる．

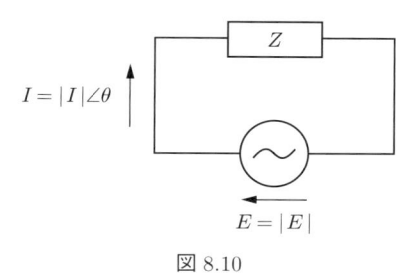

図 8.10

【演習解答】

(a) 複素電力を求める

複素電力 $\overline{E}I, E\overline{I}$ は，それぞれ以下となる．

$$\overline{E}I = \overline{|E|}|I|\angle\theta = |E||I|\angle\theta = |E||I|\cos\theta + j|E||I|\sin\theta \quad (8.6.1)$$

$$E\overline{I} = |E|\overline{|I|\angle\theta} = |E||I|\angle-\theta$$
$$= |E||I|\cos(-\theta) + j|E||I|\sin(-\theta) \quad (8.6.2)$$

電流の位相が進み ($\theta > 0$) のときに発生する無効電力は，一般的に正 ($P_r > 0$) で表す．そのため，複素電力は一般的に $\overline{E}I$ を用いる．

(b) 有効電力を求める

複素電力 $E\overline{I}, \overline{E}I$ の和は以下となる．

$$\overline{E}I + E\overline{I} = \Big(|E||I|\cos\theta + j|E||I|\sin\theta\Big) + \Big(|E||I|\cos(-\theta) + j|E||I|\sin(-\theta)\Big)$$
$$= \Big(|E||I|\cos\theta + j|E||I|\sin\theta\Big) + \Big(|E||I|\cos\theta - j|E||I|\sin\theta\Big)$$
$$= 2|E||I|\cos\theta \quad (8.6.3)$$

式 (8.6.3) から有効電力 P_a は，以下で求められる．

$$P_a = |E||I|\cos\theta = \frac{1}{2}\left(\overline{E}I + E\overline{I}\right) \quad (8.6.4)$$

式 (8.6.3), (8.6.5) の計算には，以下の三角関数の公式を用いる．

$$\cos(-\theta) = \cos\theta$$
$$\sin(-\theta) = -\sin\theta$$

(c) 無効電力を求める

複素電力 $E\overline{I}, \overline{E}I$ の差は以下となる．

$$\overline{E}I - E\overline{I} = \Big(|E||I|\cos\theta + j|E||I|\sin\theta\Big) - \Big(|E||I|\cos(-\theta) + j|E||I|\sin(-\theta)\Big)$$
$$= \Big(|E||I|\cos\theta + j|E||I|\sin\theta\Big) - \Big(|E||I|\cos\theta - j|E||I|\sin\theta\Big)$$
$$= j2|E||I|\sin\theta \quad (8.6.5)$$

式 (8.6.5) から無効電力 P_r は，以下で求められる．

$$P_r = |E||I|\sin\theta = \frac{1}{2}\left(\overline{E}I - E\overline{I}\right) \quad (8.6.6)$$

無効電力には虚数単位 j を付けないため，式 (8.6.5) から式 (8.6.6) への変換では虚数単位を削除している．

【演習 8.7】

図 8.11 の示すような $Z = R + jX$ である負荷の力率は，$\cos\theta = \dfrac{R}{\sqrt{R^2+X^2}}$ で求められることを証明せよ．また，この式を用いて，$Z = 3 - j4$ である負荷の力率 $\cos\theta$ を求めよ．

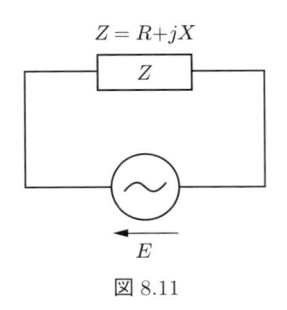

図 8.11

【演習解答】

(a) 複素電力を求める

負荷 Z に交流電圧 E を印加した場合に発生する複素電力は以下となる．

$$P = \overline{E}I = \overline{E}\frac{E}{Z} = \overline{E}\frac{E}{R+jX} = \overline{E}E\frac{R-jX}{R^2+X^2} \tag{8.7.1}$$

Re(P) は，複素電力 P の実数部を示している．

複素電力 P を用いて，負荷 Z で発生する有効電力 P_a および皮相電力 $|P|$ は以下となる．

$$P_a = \text{Re}(P) = \text{Re}\left(\overline{E}E\frac{R-jX}{R^2+X^2}\right) = \overline{E}E\frac{R}{R^2+X^2} \tag{8.7.2}$$

$$|P| = \left|\overline{E}E\frac{R-jX}{R^2+X^2}\right| = \overline{E}E\frac{\sqrt{R^2-X^2}}{R^2+X^2} \tag{8.7.3}$$

(b) 力率を求める

力率 $\cos\theta$ と有効電力 P_a，皮相電力 $|P|$ には，以下の関係がある．

$$P_a = |P|\cos\theta \quad \therefore \ \cos\theta = \frac{P_a}{|P|} \tag{8.7.4}$$

$\overline{E}E$ は実数となるため，以下の関係が成り立つ．

$$\overline{E}E = |\overline{E}E|$$

負荷 Z の偏角は $\theta = \tan^{-1}\left(\frac{X}{R}\right)$ であることから，力率 $\cos\theta$ は以下の式で求めることも出来る．

$$\cos\theta = \cos\left(\tan^{-1}\left(\frac{X}{R}\right)\right)$$

式 (8.7.4) に，有効電力，皮相電力の式 (8.7.2), (8.7.3) を代入すると，以下の力率の式が求められる．

$$\cos\theta = \frac{P_a}{|P|} = \frac{\overline{E}E\frac{R}{R^2+X^2}}{\overline{E}E\frac{\sqrt{R^2-X^2}}{R^2+X^2}} = \frac{R}{\sqrt{R^2+X^2}} \tag{8.7.5}$$

(c) 負荷 $Z = 3 - j4$ の力率を求める

負荷 $Z = 3 - j4$ の力率 $\cos\theta$ は，式 (8.7.5) から以下となる．

$$\cos\theta = \frac{R}{\sqrt{R^2+X^2}} = \frac{3}{\sqrt{3^2+(-4)^2}} = 0.6 \tag{8.7.6}$$

【演習 8.8】

負荷 Z で消費される電力（有効電力）を測定するために，3 つの電圧計と抵抗 r を図 8.12 のように接続した．電圧計 V, V_r, V_Z の表示がそれぞれ $|V| = 100\,(\mathrm{V}), |V_r| = 1\,(\mathrm{V}), |V_Z| = 99\,(\mathrm{V})$ であるとき，負荷 Z で消費される電力 P_a を求めよ．

図 8.12

図 8.12 に示す電力計測は，三電圧計法と呼ばれる．

電圧計は，以下の回路記号である．

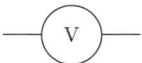

電圧計は，電圧の大きさのみを測定することが可能である．そのため，$E = |E| \angle \theta$ である電圧は，$|E|$ と表示される．
（例）$E = 100 \angle 30°\,(\mathrm{V})$ の場合は，$|E| = 100\,(\mathrm{V})$ である．

3 つの電圧計は入力インピーダンスが十分に高いため，電圧計には電流が流れないとする．

抵抗 r に流れる電流 I_r は，負荷 Z を流れる電流 I_Z と等しい．

$$I_r = I_Z$$

電圧の大きさの 2 乗 $|V|^2$ は，電圧 V とその共役複素数 $\overline{V}$ の積で求められる．

$$|V|^2 = V\overline{V}$$

式 (8.8.3) の括弧内は，以下のように並べ替えることが出来る．

$$\overline{V_Z} I_Z + V_Z \overline{I_Z}$$

負荷には，電流 I_Z が流れ，電圧 V_Z が発生することから，負荷で消費される電力 P_a は以下となる（演習 8.6 参照）．

$$P_a = \frac{1}{2}\left(\overline{V_Z} I_Z + V_Z \overline{I_Z}\right)$$

式 (8.8.5) から力率 $\cos\theta$ を求めることも出来る．

$$\cos\theta = \frac{P_a}{|V_Z||I_Z|}$$
$$= \frac{1}{2|V_Z||V_r|}\left(|V|^2 - |V_r|^2 - |V_Z|^2\right)$$

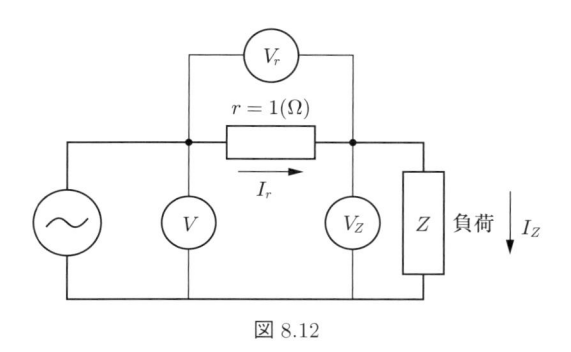

【演習解答】

(a) 電圧計の表示値と消費電力の関係を求める

各電圧計に表示されている電圧を V, V_r, V_Z，抵抗 r に流れている電流を I_r とすると，それらには以下の関係が成り立つ．

$$V = V_r + V_Z \tag{8.8.1}$$

$$V_r = rI_r = rI_Z \tag{8.8.2}$$

電圧計 V の表示 $|V|$ の 2 乗は，式 (8.8.1), (8.8.2) を用いて以下となる．

$$\begin{aligned}
|V|^2 &= V\overline{V} = (V_r + V_Z)(\overline{V_r} + \overline{V_Z}) \\
&= V_r \overline{V_r} + V_r \overline{V_Z} + V_Z \overline{V_r} + V_Z \overline{V_Z} \\
&= |V_r|^2 + r(I_Z \overline{V_Z} + V_Z \overline{I_Z}) + |V_Z|^2 \tag{8.8.3} \\
&= |V_r|^2 + r \cdot 2P_a + |V_Z|^2 \tag{8.8.4}
\end{aligned}$$

式 (8.8.4) から，負荷 Z で消費される電力 P_a を導くと以下になる．

$$P_a = \frac{1}{2r}\left(|V|^2 - |V_r|^2 - |V_Z|^2\right) \tag{8.8.5}$$

(b) 消費電力 P_a を求める．

消費（有効）電力 P_a は，各電圧計の表示値 V, V_r, V_Z と式 (8.8.5) を用いて，以下となる．

$$\begin{aligned}
P_a &= \frac{1}{2r}\left(|V|^2 - |V_r|^2 - |V_Z|^2\right) = \frac{1}{2\cdot 1}\left(100^2 - 1^2 - 99^2\right) \\
&= 99\,(\mathrm{W}) \tag{8.8.6}
\end{aligned}$$

図 8.13 に示す電力計測は，三電流計法と呼ばれる．

電流計は，以下の回路記号である．

電流計は，電流の大きさのみを測定することが可能である．そのため，$I = |I|\angle\theta$ である電流は，$|I|$ と表示される．

（例）$I = 100\angle 30°$ (A) の場合は，$|I| = 100$ (A) である．

3 つの電流計は入力インピーダンスが十分に低いため，電流計には電圧が発生しないとする．

抵抗 r で発生する電圧 V_r は，負荷で発生する電圧 V_Z と等しい．

$$V_r = V_Z$$

電流の大きさの 2 乗 $|I|^2$ は，電流 I とその共役複素数 $\overline{I}$ の積で求められる．

$$|I|^2 = I\overline{I}$$

式 (8.9.3) の括弧内は，以下のように並べ替えることが出来る．

$$\overline{V_Z}I_Z + V_Z\overline{I_Z}$$

負荷には，電流 I_Z が流れ，電圧 V_Z が発生することから，負荷で消費される電力 P_a は以下となる（演習 8.6 参照）．

$$P_a = \frac{1}{2}\left(\overline{V_Z}I + V_Z\overline{I}\right)$$

式 (8.9.5) から力率 $\cos\theta$ を求めることも出来る．

$$\cos\theta = \frac{P_a}{|V_Z||I_Z|}$$
$$= \frac{1}{2|I_r||I_Z|}$$
$$\left(|I|^2 - |I_r|^2 - |I_Z|^2\right)$$

【演習 8.9】
　負荷 Z で消費される電力（有効電力）を測定するために，3 つの電流計と抵抗 r を図 8.13 のように接続した．電流計 A, A_r, A_Z の表示がそれぞれ $|I| = 10$ (A), $|I_r| = 0.2$ (A), $|I_Z| = 9.8$ (A) であるとき，負荷 Z で消費される電力 P_a を求めよ．

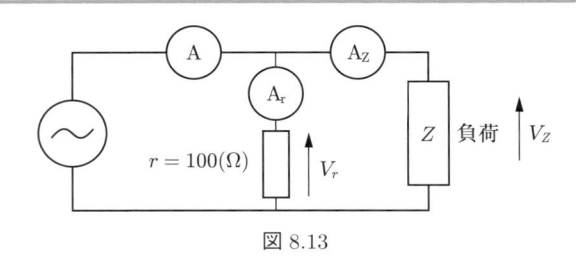

図 8.13

【演習解答】
(a) 電流計の表示値と消費電力の関係を求める

　各電流計に流れている電流を I, I_r, I_Z，抵抗 r および負荷 Z に発生する電圧をそれぞれ V_r, V_Z とすると，それらには以下の関係が成り立つ．

$$I = I_r + I_Z \tag{8.9.1}$$

$$I_r = \frac{V_r}{r} = \frac{V_Z}{r} \tag{8.9.2}$$

電流計 A の表示 $|I|$ の 2 乗は，式 (8.9.1), (8.9.2) を用いて以下となる．

$$|I|^2 = I\overline{I} = (I_r + I_Z)(\overline{I_r} + \overline{I_Z})$$
$$= I_r\overline{I_r} + I_r\overline{I_Z} + I_Z\overline{I_r} + I_Z\overline{I_Z}$$
$$= |I_r|^2 + \frac{1}{r}(V_Z\overline{I_Z} + I_Z\overline{V_Z}) + |I_Z|^2 \tag{8.9.3}$$
$$= |I_r|^2 + \frac{1}{r}\cdot 2P_a + |I_Z|^2 \tag{8.9.4}$$

式 (8.9.4) から，負荷 Z で消費される電力 P_a を導くと以下になる．

$$P_a = \frac{r}{2}\left(|I|^2 - |I_r|^2 - |I_Z|^2\right) \tag{8.9.5}$$

(b) 消費電力 P_a を求める

　消費（有効）電力 P_a は，各電流計の表示値 I, I_r, I_Z と式 (8.9.5) を用いて，以下となる．

$$P_a = \frac{r}{2}\left(|I|^2 - |I_r|^2 - |I_Z|^2\right) = \frac{100}{2}\left(10^2 - 0.2^2 - 9.8^2\right)$$
$$= 196 \text{ (W)} \tag{8.9.6}$$

【演習 8.10】

図 8.14(a) に示すパルス波（矩形波）電圧 $e(t)$ の実効値 E_{rms} を求めよ．さらに，(b) に示す回路で，このパルス波電圧 $e(t)$ を抵抗 $R = 10\,(\Omega)$ に印加したとき，回路に流れる電流 $i(t)$ の波形を図示せよ．また，抵抗 R で消費される電力（有効電力）P_a を求めよ

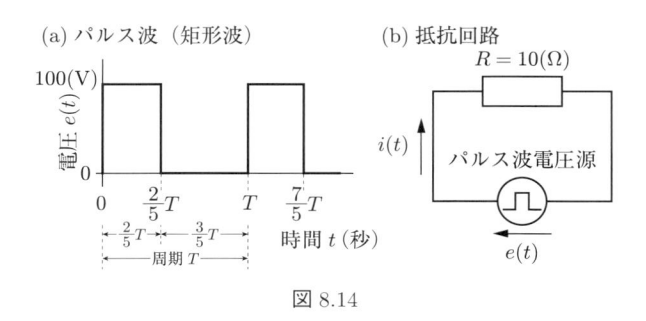

図 8.14

【演習解答】

(a) パルス波電圧 $e(t)$ の実効値を求める

図 8.14(a) のパルス波電圧 $e(t)$ の電圧は，時間が 0 から $\frac{2}{5}T$ (秒) まで 100 (V) であり，$\frac{2}{5}T$ から T (秒) まで 0 (V) である．このパルス波電圧 $e(t)$ の実効値 E_{rms} は，以下の計算で求められる．

$$\begin{aligned}
E_{rms} &= \sqrt{\frac{1}{T}\int_0^T e(t)^2\,dt} \\
&= \sqrt{\frac{1}{T}\left(\int_0^{\frac{2}{5}T} 100^2\,dt + \int_{\frac{2}{5}T}^{T} 0^2\,dt\right)} \\
&= \sqrt{\frac{1}{T}\left([100^2 t]_0^{\frac{2}{5}T} + 0\right)} \\
&= \sqrt{\frac{1}{T}100^2\left(\frac{2}{5}T - 0\right)} \\
&= 100\sqrt{\frac{2}{5}} \\
&= 63.2\,(V)
\end{aligned} \qquad (8.10.1)$$

(b) 回路に流れる電流 $i(t)$ の波形を描く

回路に流れる電流は，$i(t) = \frac{e(t)}{R}$ で求められる．すなわち，パルス波電圧 $e(t)$ が 100 (V) であるとき，回路には 10 (A) の電流が流れる．このパルス波電流を図示すると図 8.15 となる．

回路に流れるパルス波電流 $i(t)$ の実効値 I_{rms} は，電圧の実効値と同様の方法で求められる．

$$\begin{aligned}
I_{rms} &= \sqrt{\frac{1}{T}\int_0^T i(t)^2\,dt} \\
&= 10\sqrt{\frac{2}{5}} \\
&= 6.32\,(A)
\end{aligned}$$

図 8.15

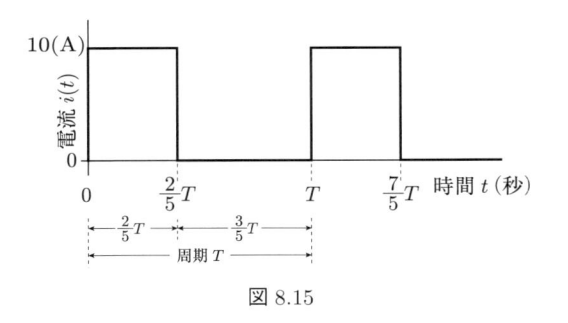

(c) 抵抗 R で消費される電力を求める

抵抗に印加した電圧 $e(t)$ と抵抗に流れる電流 $i(t)$ の積は，瞬時電力 $p(t)$ である．抵抗 R で消費される電力（有効電力）P_a は，瞬時電力 $p(t)$ の時間平均である．

$$
\begin{aligned}
P_a &= \frac{1}{T}\int_0^T p(t)\, dt = \frac{1}{T}\int_0^T e(t)\cdot i(t)\, dt \\
&= \frac{1}{T}\left(\int_0^{\frac{2}{5}T} 100\cdot 10\, dt + \int_{\frac{2}{5}T}^T 0\cdot 0\, dt\right) \\
&= \frac{1}{T}\left([1000t]_0^{\frac{2}{5}T} + 0\right) \\
&= \frac{1}{T}1000\left(\frac{2}{5}T - 0\right) \\
&= 1000\frac{2}{5} \\
&= 400\,(\mathrm{W})
\end{aligned}
\tag{8.10.2}
$$

パルス波電圧の実効値 E_{rms} とパルス波電流の実効値 I_{rms} を用いて，抵抗で消費される電力 P_a を求めると以下となる．

$$
\begin{aligned}
P_a &= E_{rms}\cdot I_{rms} \\
&= 100\sqrt{\frac{2}{5}}\cdot 10\sqrt{\frac{2}{5}} \\
&= 400\,(\mathrm{W})
\end{aligned}
$$

第9章 相互誘導回路

相互誘導回路は，2つのコイルが磁気的に結合されているため，一次側と二次側の電流，電圧が相互に影響を受ける．図9.1の相互誘導回路で，L_1, L_2 はそれぞれのコイルの自己インダクタンスである．一方，M は，2つのコイルの相互作用を表し，相互インダクタンスと呼ばれる．

図9.1の相互誘導回路で，一次側と二次側の電圧，電流の関係には，以下の基本式が成り立つ．

相互誘導回路の基本式

一次回路 $\quad j\omega L_1 I_1 + j\omega M I_2 = E_1 \quad$ (1)

二次回路 $\quad j\omega M I_1 + j\omega L_2 I_2 = E_2 \quad$ (2)

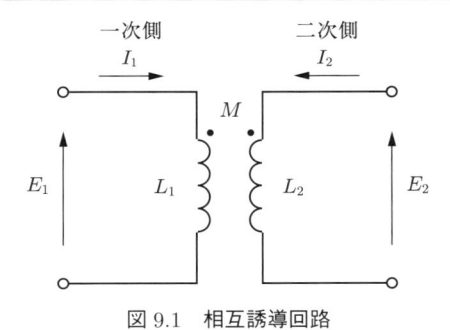

図 9.1 相互誘導回路

相互誘導回路（図9.1）は，図9.2に示すT形等価回路に変換できる．T形等価回路の各インダクタンス L_A, L_B, L_C は，相互誘導回路の各インダクタンス L_1, L_2, M を用いて，以下の式で表すことが出来る．

T形等価回路の各インダクタンス

$L_A = L_1 - M \quad$ (3)

$L_B = L_2 - M \quad$ (4)

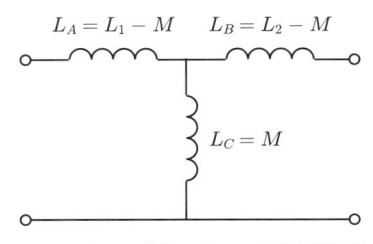

$L_C = M \quad$ (5)

図 9.2 相互誘導回路の T 形等価回路

以下のようの相互誘導回路の電圧と電流を設定した場合，閉路方程式は以下となる．

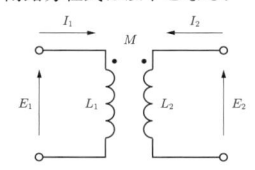

$$jωL_1I_1 + jωMI_2 = E_1$$
$$jωMI_1 + jωL_2I_2 = E_2$$

図 9.3 の回路は，以下の T 型等価回路に変換して，閉路方程式を立てることも可能である．その閉路方程式は，式 (9.1.3)，(9.1.4) と同じになる．

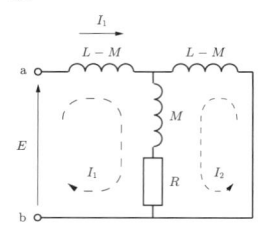

式 (9.1.6) の展開では，以下の式を用いる．

$$L^2 - M^2 = (L-M)(L+M)$$

【演習 9.1】
図 9.3 に示す回路で，端子 a-b 間のインピーダンス Z を求めよ．

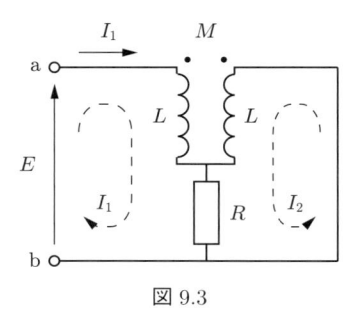

図 9.3

【演習解答】
端子 a-b 間のインピーダンス Z は，端子 a-b 間に交流電圧 E を印加したときに流れる電流 I_1 から求められる．相互誘導回路の一次および二次側に流れる閉路電流をそれぞれ I_1, I_2 としたとき，それぞれの閉路方程式は以下となる．

$$jωLI_1 + jωMI_2 + R(I_1 + I_2) = E \tag{9.1.1}$$
$$jωLI_2 + jωMI_1 + R(I_2 + I_1) = 0 \tag{9.1.2}$$

閉路方程式 (9.1.1)，(9.1.2) を，閉路電流 I_1, I_2 で整理すると以下になる．

$$(R + jωL)I_1 + (R + jωM)I_2 = E \tag{9.1.3}$$
$$(R + jωM)I_1 + (R + jωL)I_2 = 0 \tag{9.1.4}$$

閉路方程式 (9.1.3)，(9.1.4) から，閉路電流 I_1 は以下となる．

$$I_1 = \frac{R + jωL}{(R + jωL)^2 - (R + jωM)^2} E \tag{9.1.5}$$

以上から，端子 a-b 間のインピーダンス Z は，以下である．

$$\begin{aligned}
Z &= \frac{E}{I_1} \\
&= \frac{(R + jωL)^2 - (R + jωM)^2}{R + jωL} \\
&= \frac{ω^2(M^2 - L^2) + j2ωR(L - M)}{R + jωL} \\
&= \frac{R(ωL - ωM)^2}{R^2 + (ωL)^2} + j\frac{(ωL - ωM)\{2R^2 + ωL(ωL + ωM)\}}{R^2 + (ωL)^2}
\end{aligned}$$
$$\tag{9.1.6}$$

【演習 9.2】

図 9.4 の相互誘導回路で，端子 a-b 間の合成インピーダンス Z を求めよ．

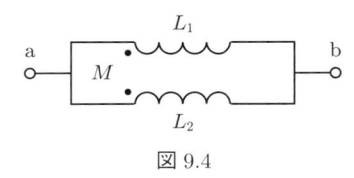

図 9.4

【演習解答】

図 9.4 の相互誘導回路を T 型等価回路に変換すると，図 9.5 になる．

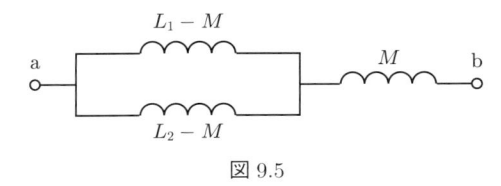

図 9.5

図 9.5 の T 型等価回路の合成インピーダンス Z は以下となる．

$$Z = \frac{j\omega(L_1 - M) \cdot j\omega(L_2 - M)}{j\omega(L_1 - M) + j\omega(L_2 - M)} + j\omega M$$

$$= \frac{j\omega(L_1 L_2 - L_1 M - L_2 M + M^2)}{(L_1 + L_2 - 2M)} + j\omega M$$

$$= j\omega \frac{(L_1 L_2 - M^2)}{(L_1 + L_2 - 2M)} \tag{9.2.1}$$

図 9.4 の相互誘導回路から T 型等価回路への変換は，以下のように考えると理解しやすい．

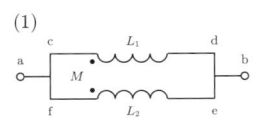

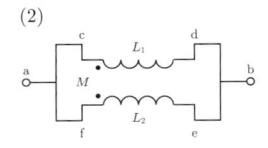

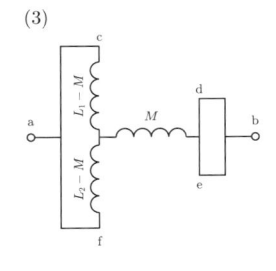

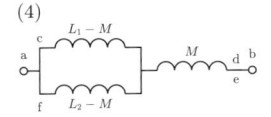

(1)

(2)

(3)

(4)

図 9.6 の回路は，キャンベルブリッジと呼ばれる．

検流計は，電流の流れを測定する計測器であり，記号は以下である．

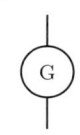

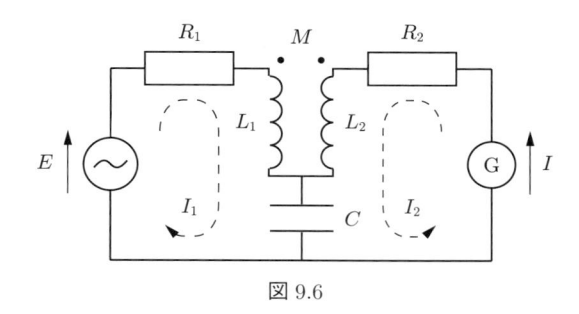

【演習 9.3】
図 9.6 の回路で，検流計 G に流れる電流が $I = 0$ となる交流電圧源の周波数 f を求めよ．また，そのときの一次電流 I_1 を求めよ．

図 9.6

【演習解答】
(a) T 型等価回路に変換する

図 9.6 の相互誘導回路を T 型等価回路に変換すると以下になる．

図 9.7

図 9.6 または図 9.7 の回路に対する閉路方程式を立てることで，$I = 0$ となる周波数 f を求めることも出来る．しかし，計算が複雑となる．

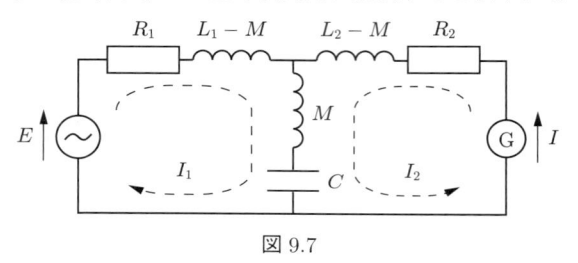

(b) 検流計に流れる電流が $I = 0$ となる周波数 f を求める

図 9.7 の T 型等価回路で，コイル M とコンデンサ C の合成インピーダンスが $Z = 0$ のとき，二次電流は $I_2 = 0$ となり，検流計に流れる電流は $I = 0$ となる．このことから，$I = 0$ が成り立つ交流電圧源の周波数 f は以下となる．

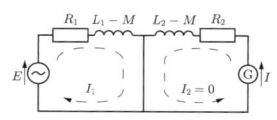

$$Z = j\omega M - j\frac{1}{\omega C} = 0$$

$$\omega = \frac{1}{\sqrt{MC}} \quad \therefore \quad f = \frac{1}{2\pi\sqrt{MC}} \quad (9.3.1)$$

コイル M とコンデンサ C の合成インピーダンスが $Z = 0$ のとき，図 9.7 は以下の回路と等しくなる．そのため，二次側および検流計には電流が流れない．

$I = 0$ が成り立つ条件（式 (9.3.1)）には，抵抗 R_1, R_2 が含まれていない．このことは，$I = 0$ が成り立つ条件が，交流電源および検流計 D の内部抵抗の影響を受けないことを示している．

(c) 一次電流 I_1 を求める

検流計に電流が流れない条件はコイル M とコンデンサ C の合成インピーダンスが $Z = 0$ であるため，そのときの一次電流 I_1 は以下となる．

$$I_1 = \frac{E}{R_1 + j\omega(L_1 - M)} \quad (9.3.2)$$

【演習 9.4】

図 9.8 に示すブリッジ回路で，検流計 G に電流が流れない条件（平衡条件）を求めよ．ただし，交流電圧源の角周波数は ω (rad/S) とする．

> ブリッジ回路が平衡状態であるとき，相互誘導回路の 2 次コイル（点 a-e 間）には電流が流れない．しかし，電圧は発生する．

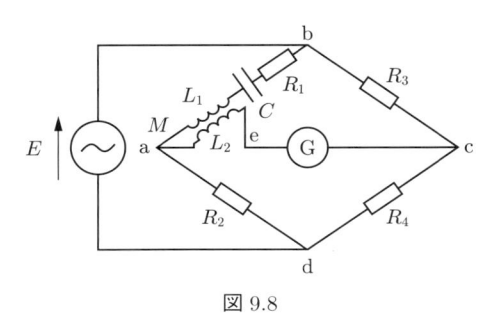

図 9.8

【演習解答】

図 9.8 の相互誘導回路を T 形等価回路に変換すると，図 9.8 のブリッジ回路になる．

> ブリッジ回路の平衡条件は，対面のインピーダンスの積を等しくすることである．

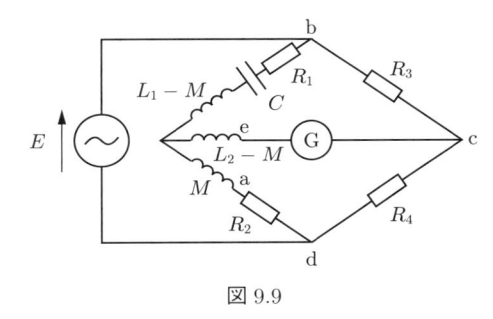

図 9.9

図 9.9 のブリッジ回路の平衡条件は，以下である．

$$\left(R_1 - j\frac{1}{\omega C} + j\omega(L_1 - M)\right) R_4 = (R_2 + j\omega M) R_3 \qquad (9.4.1)$$

図 9.9 のブリッジ回路を平衡状態にするためには，式 (9.4.1) の右辺と左辺の①実数部および②虚数部をそれぞれ等しくする必要がある．このことから，以下の 2 つが検流計に電流が流れない条件である．

① 実数部
$$R_1 R_4 = R_2 R_3 \qquad (9.4.2)$$

② 虚数部
$$\left(-\frac{1}{\omega C} + \omega(L_1 - M)\right) R_4 = \omega M R_3 \qquad (9.4.3)$$

【演習 9.5】

図 9.10 に示す巻き線比が $n_1 : n_2 = 1 : 0.1$ である理想変成器の回路で，一次側には交流電圧源 $E = 100\,(\mathrm{V})$ と内部抵抗 $r = 100\,(\Omega)$ で構成された電源を接続した．一方，二次側には負荷 $R = 1\,(\Omega)$ を接続した．負荷 R で消費される電力を求めよ．

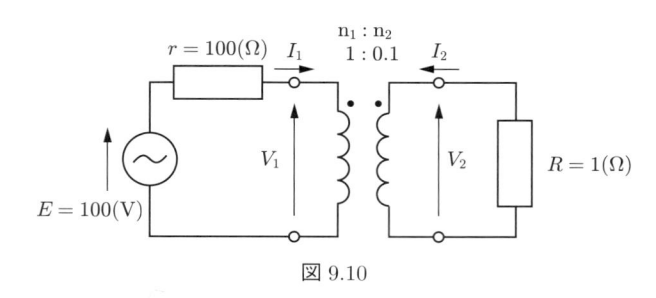

図 9.10

【演習解答】

巻き線比が $n_1 : n_2 = 1 : 0.1$ である理想変成器の二次側に負荷 R が接続されている．そのため，一次側から見たインピーダンス Z_{in} は以下となり，図 9.10 の回路は図 9.11 の等価回路に変換できる．

$$Z_{in} = \frac{1}{n^2}R = \frac{1}{0.1^2}1 = 100\,(\Omega) \quad (9.5.1)$$

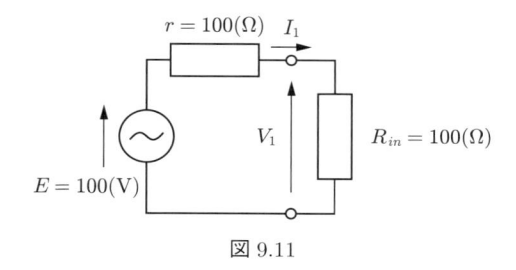

図 9.11

図 9.11 の等価回路で，一次電流 I_1 および一次電圧 V_1 は以下となり，負荷 R で消費される電力 P が求められる．

$$I_1 = \frac{E}{r + R_{in}} = \frac{100}{100 + 100} = 0.5\,(\mathrm{A}) \quad (9.5.2)$$

$$V_1 = E - r \cdot I_1 = 100 - 100 \cdot 0.5 = 50\,(\mathrm{V}) \quad (9.5.3)$$

$$P = V_1 \cdot I_1 \cos\theta = 50 \cdot 0.5 \cos 0° = 25\,(\mathrm{W}) \quad (9.5.4)$$

理想変成器を使わずに，交流電源と負荷 R を直接接続した場合に消費される電力 P' は，以下となる．

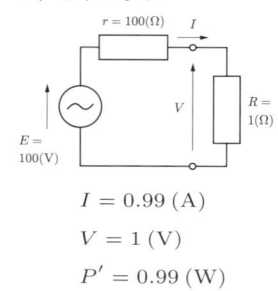

$I = 0.99\,(\mathrm{A})$
$V = 1\,(\mathrm{V})$
$P' = 0.99\,(\mathrm{W})$

理想変成器によって，負荷 R に供給する電力が増加する．また，一次側の回路に流れる電流 I_1 が減少することで，交流電圧源の内部抵抗 r で消費される電力（損失）を下げることが出来る．

理想変成器を用いることで，電源と負荷で電力供給が最大となる条件が成り立っている．
負荷で消費される電力の計算法は，等価電圧源（第 4 章）を参照．

負荷は抵抗であるため，力率は $\cos 0° = 1$ である．

第10章 三相交流回路

　三相交流回路は，3つの単相交流回路を以下のように組み合わせた回路である．三相交流回路には，単相回路の組み合わせ方によって，図10.1に示す (a) Y-Y 三相交流回路，および (b) Δ-Δ 三相交流回路がある．また，Y-Δ や Δ-Y 三相交流回路もある．

(a) Y-Y 三相交流回路

(b) Δ-Δ 三相交流回路

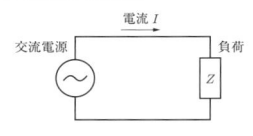

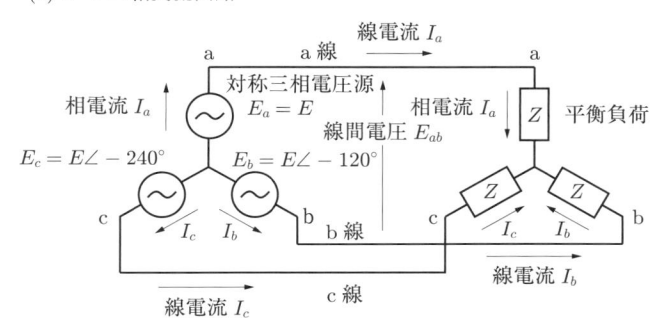

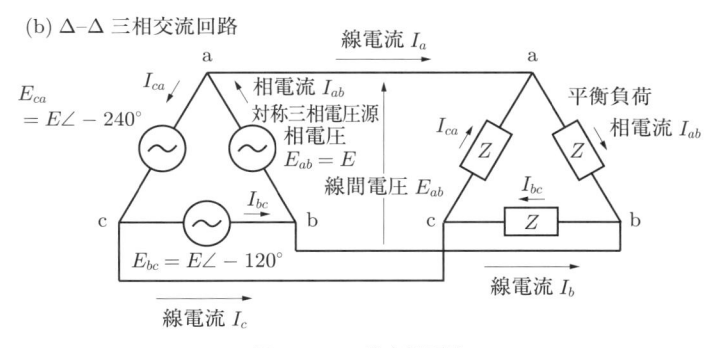

図 10.1　三相交流回路

　図 10.1 に示す三相交流回路では，3つの交流電圧源の大きさが等しく，位相が 120° づつ異なっている（対称三相電圧）．また，負荷は全て等しい（平衡負荷）．このような回路は，平衡三相交流回路と呼ばれる．平衡三相交流回路では，各電流も大きさが等しく，位相が 120° づつ異なっている（対称三相電流）．

　三相交流回路では，各負荷に流れる電流（相電流）は，相電圧と負荷で求められる．

単相回路とは，交流電源が1つの回路である．

Y-Y 三相交流回路では，中性線が存在する場合がある．

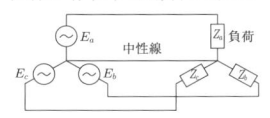

Y-Y 平衡三相交流回路では，相電流が対称状態であるため，中性線には電流が流れない（$I_N = 0$）．

Y-Y 三相交流回路の相電流

$$I_a = \frac{E_a}{Z},\ I_b = \frac{E_b}{Z},$$
$$I_c = \frac{E_c}{Z}$$

Δ-Δ 三相交流回路の相電流

$$I_{ab} = \frac{E_{ab}}{Z},\ I_{bc} = \frac{E_{bc}}{Z},$$
$$I_{ca} = \frac{E_{ca}}{Z}$$

【演習 10.1】

図 10.2 に示す Y 形に結線された対称三相電圧源 E_a, E_b, E_c を Δ 形対称三相電圧源に変換するとき，変換後の相電圧 E_{ab}, E_{bc}, E_{ca} を求めよ．なお，Y 形対称電圧源の電圧の大きさは E として計算せよ．

(a) Y 形対称三相電圧源 E_a, E_b, E_c 　　(b) Δ 形対称三相電圧源 E_{ab}, E_{bc}, E_{ca}

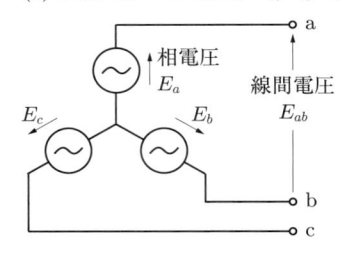

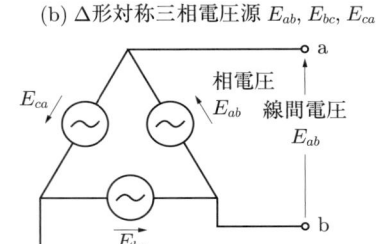

図 10.2

【演習解答】

(a) Y 形対称三相電圧源の各相電圧を直交形式で表す

Y 形対称三相電圧源の各相電圧 E_a, E_b, E_c は，大きさが E であり，位相が 120° づつ遅れている．これらの相電圧を直交形式で表すと以下になる．

電圧を極形式から直交形式に変換するためには，以下の式を用いる．

$$E\angle\theta = E\cos\theta + jE\sin\theta$$

$$E_a = E$$
$$E_b = E\angle -120° = E\cos(-120°) + jE\sin(-120°) = -\frac{1}{2}E - j\frac{\sqrt{3}}{2}E$$
$$E_c = E\angle -240° = E\cos(-240°) + jE\sin(-240°) = -\frac{1}{2}E + j\frac{\sqrt{3}}{2}E$$
(10.1.1)

(b) Y 形対称三相電圧源の線間電圧を求める

Y 形対称三相電圧源で線間電圧 E_{ab} は相電圧 E_a から E_b を引くことで求められる．Δ 形対称三相電圧源では，線間電圧と相電圧 E_{ab} が等しい．この関係から Y 形対称三相電圧源を Δ 形対称三相電圧源に変換できる．

Y 形結線の相電圧 E_b は，線間電圧 E_{ab} と極性が逆である．そのため，$E_{ab} = E_a - E_b$ となる．

$$\begin{aligned}E_{ab} &= E_a - E_b = E - \left(-\frac{1}{2}E - j\frac{\sqrt{3}}{2}E\right) = \frac{3}{2}E + j\frac{\sqrt{3}}{2}E \\ &= \sqrt{3}\left(\frac{\sqrt{3}}{2}E + j\frac{1}{2}E\right) \\ &= \sqrt{3}(E\cos(30°) + jE\sin(30°)) = \sqrt{3}E\angle 30° \\ &= \sqrt{3}E_a\angle 30° \end{aligned}$$
(10.1.2)

式 (10.1.3), (10.1.4) は，以下の式を用いて求める．

$$E\angle -90°$$
$$= E\angle(-120° + 30°)$$
$$= E_b\angle 30°$$

$$E\angle 150°$$
$$= E\angle(150° - 360°)$$
$$= E\angle(-210°)$$
$$= E\angle(-240° + 30°)$$
$$= E_c\angle 30°$$

同様に，Δ 形対称三相電圧源の相電圧 E_{bc}, E_{ca} も以下で求められる．

$$E_{bc} = E_b - E_c = \sqrt{3}E\angle -90° = \sqrt{3}E_b\angle 30° \quad (10.1.3)$$
$$E_{ca} = E_c - E_a = \sqrt{3}E\angle 150° = \sqrt{3}E_c\angle 30° \quad (10.1.4)$$

【演習 10.2】

図 10.3 に示す Δ 形に結線された負荷 Z_{ab}, Z_{bc}, Z_{ca} を Y 形負荷に変換するとき，変換後の負荷 Z_a, Z_b, Z_c を求めよ．

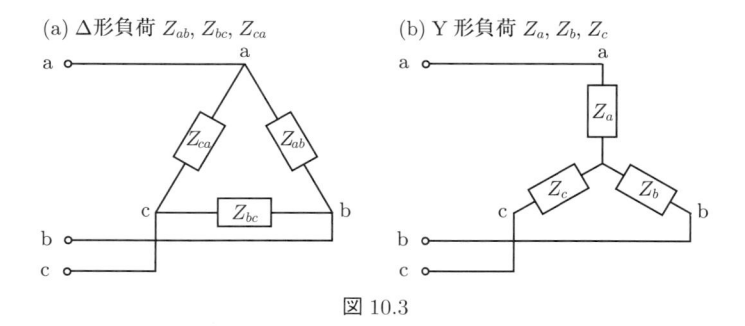

(a) Δ 形負荷 Z_{ab}, Z_{bc}, Z_{ca}

(b) Y 形負荷 Z_a, Z_b, Z_c

図 10.3

【演習解答】

(a) 各線間の合成インピーダンスを求める

Δ 形負荷の a-b 間の合成インピーダンスは $Z = \dfrac{Z_{ab}(Z_{ca}+Z_{bc})}{Z_{ab}+Z_{bc}+Z_{ca}}$ である．一方，Y 形負荷の a-b 間の合成インピーダンスは $Z = Z_a + Z_b$ である．Δ 形負荷を Y 形負荷に変換するためには，これらの合成インピーダンスを等しくすればよい．また，b-c 間および c-a 間も同様である．

$$\text{a}-\text{b 間}: \quad \frac{Z_{ab}(Z_{ca}+Z_{bc})}{Z_{ab}+Z_{bc}+Z_{ca}} = Z_a + Z_b \quad (10.2.1)$$

$$\text{b}-\text{c 間}: \quad \frac{Z_{bc}(Z_{ab}+Z_{ca})}{Z_{ab}+Z_{bc}+Z_{ca}} = Z_b + Z_c \quad (10.2.2)$$

$$\text{c}-\text{a 間}: \quad \frac{Z_{ca}(Z_{bc}+Z_{ab})}{Z_{ab}+Z_{bc}+Z_{ca}} = Z_c + Z_a \quad (10.2.3)$$

(b) 合成インピーダンスから変換式を導く

式 (10.2.1), (10.2.2), (10.2.3) の式から，Δ 形負荷を Y 形負荷に変換する式を導く．そのために，式 (10.2.1) と (10.2.3) の両辺の和を求めると以下になる．

$$\frac{Z_{ab}(Z_{ca}+Z_{bc})}{Z_{ab}+Z_{bc}+Z_{ca}} + \frac{Z_{ca}(Z_{bc}+Z_{ab})}{Z_{ab}+Z_{bc}+Z_{ca}} = (Z_a+Z_b) + (Z_c+Z_a)$$

$$\frac{2Z_{ab}Z_{ca} + Z_{ab}Z_{bc} + Z_{bc}Z_{ca}}{Z_{ab}+Z_{bc}+Z_{ca}} = 2Z_a + Z_b + Z_c \quad (10.2.4)$$

Y 形負荷 Z_a は，式 (10.2.4) と式 (10.2.2) の差 (式 (10.2.4) − 式 (10.2.2)) から求められる．同様の計算手順によって，Z_b, Z_c も求められる．

$$\frac{2Z_{ab}Z_{ca}}{Z_{ab}+Z_{bc}+Z_{ca}} = 2Z_a$$

$$\therefore \quad Z_a = \frac{Z_{ca}Z_{ab}}{Z_{ab}+Z_{bc}+Z_{ca}} \quad (10.2.5)$$

$$Z_b = \frac{Z_{ab}Z_{bc}}{Z_{ab}+Z_{bc}+Z_{ca}} \quad Z_c = \frac{Z_{bc}Z_{ca}}{Z_{ab}+Z_{bc}+Z_{ca}} \quad (10.2.6)$$

三相交流電源は対称状態，負荷は平衡状態であり，線路抵抗も全て同じであるため，図 10.4 の三相交流回路は平衡状態である．

【演習 10.3】
図 10.4 の三相交流回路の各線には線路抵抗 $R = 2\,(\Omega)$ がある．この三相交流回路の線電流 I_a, I_b, I_c，線路抵抗に発生する電圧 V_{Ra}, V_{Rb}, V_{Rc}，および負荷に印加される電圧 V_a, V_b, V_c を求めよ．さらに，それぞれの電圧のフェーザ図を描け．また，線路抵抗で消費される電力 $P_{total\ loss}$（送電損失）を求めよ．

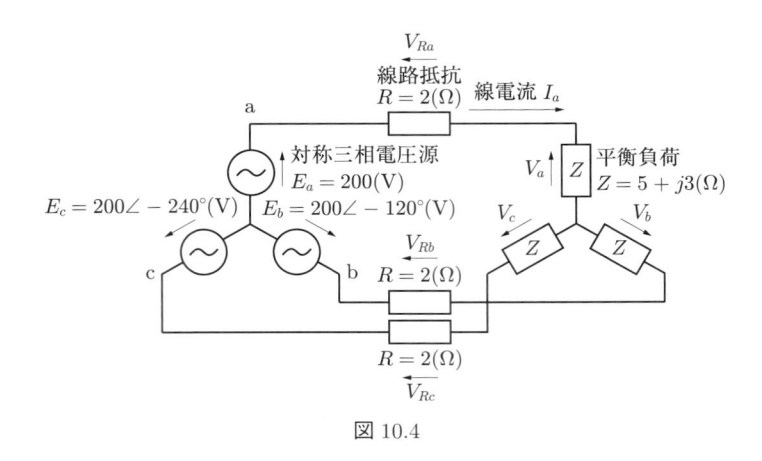

図 10.4

【演習解答】

(a) 単相回路を描く

中性線を含めて描いた a 相の単相回路は，図 10.5 である．この単相回路は，線電流 I_a を求めるために使用する．

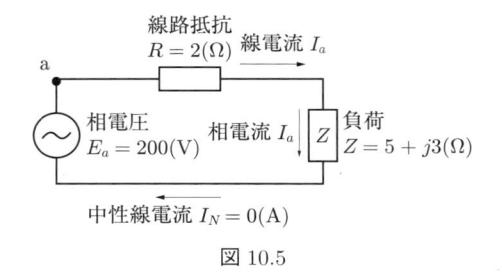

Y-Y 三相交流では，相電流と線電流は同じ値である．

図 10.5 の単相回路は，中性線電流 I_N の計算に使用できない．ただし，本三相交流回路は平衡状態であるため，$I_N = 0$ となる．

図 10.5

(b) 線電流 I_a, I_b, I_c を求める

線路抵抗と負荷は直列接続されている．このことから，線電流 I_a は，それらの合成インピーダンスおよび相電圧 E_a から，以下の式で求められる．他の線電流も同様である．

三相交流の位相は，E_a を基準に負（遅れ）で示すため，線電流 I_c は以下のように表す．

$$I_c = 26.2\angle 97°$$
$$= 26.2\angle (97° - 360°)$$
$$= 26.2\angle -263°\,(A)$$

$$I_a = \frac{E_a}{Z+R} = \frac{200}{5+j3+2} = 24.1 - j10.3$$
$$= 26.2\angle -23° \text{ (A)} \qquad (10.3.1)$$
$$I_b = \frac{E_b}{Z+R} = \frac{200\angle -120°}{5+j3+2} = 26.2\angle -143° \text{ (A)} \qquad (10.3.2)$$
$$I_c = \frac{E_c}{Z+R} = \frac{200\angle -240°}{5+j3+2} = 26.2\angle -263° \text{ (A)} \qquad (10.3.3)$$

(c) 線路抵抗に発生する電圧 V_{Ra}, V_{Rb}, V_{Rc} を求める

線路抵抗に発生する電圧 V_{Ra} は，線電流 I_a によって発生することから，以下の式で求められる．

> 線路抵抗に発生する電圧は，負荷に印加される電圧を下げる原因となる（電圧降下）．

$$V_{Ra} = RI_a = 2 \cdot 26.2\angle -23° = 52.4\angle -23° \text{ (V)} \qquad (10.3.4)$$
$$V_{Rb} = RI_b = 2 \cdot 26.2\angle -143° = 52.4\angle -143° \text{ (V)} \qquad (10.3.5)$$
$$V_{Rc} = RI_c = 2 \cdot 26.2\angle -263° = 52.4\angle -263° \text{ (V)} \qquad (10.3.6)$$

(d) 負荷に印加される電圧 V_a, V_b, V_c をを求める

負荷に印加される電圧は，三相電圧源の相電圧から線路抵抗による電圧降下分 V_{Ra}, V_{Rb}, V_{Rc} を引くことで求められる．

> (10.3.7)〜(10.3.9) の計算は，極形式の各電圧を直交形式に変換して，引き算を行なう．

$$V_a = E_a - V_{Ra} = 200 - (52.4\angle -23°)$$
$$= 153\angle 8° \text{ (V)} \qquad (10.3.7)$$
$$V_b = E_b - V_{Rb} = (200\angle -120°) - (52.4\angle -143°)$$
$$= 153\angle -112° \text{ (V)} \qquad (10.3.8)$$
$$V_c = E_c - V_{Rc} = (200\angle -240°) - (52.4\angle -263°)$$
$$= 153\angle -232° \text{ (V)} \qquad (10.3.9)$$

(e) フェーザ図を描く

以上で求めた電圧，電流のフェザー図は図 10.6 となる．三相電圧源の相電圧 E_a, E_b, E_c は対称であるため，大きさが 200 (V) で等しく，それぞれ位相が 120° 異なっている．線路抵抗に発生する電圧は，大きさが 52.4 (V) であり，位相が相電圧よりそれぞれ 23° 遅れている．負荷に印加される電圧は，大きさが 153 (V) であり，位相が相電圧よりそれぞれ 8° 進んでいる．

> 図 10.6 のフェーザ図は，相電圧 E_a を位相の基準にして，各電圧を描いている．

図 10.6 のベクトル図（E_c, V_c, V_{Rc}, 負荷に印加される電圧 V_a, 相電圧 E_a, V_{Rb}, V_{Ra} 線路抵抗に発生する電圧, E_b, V_b, 8°, 23°）

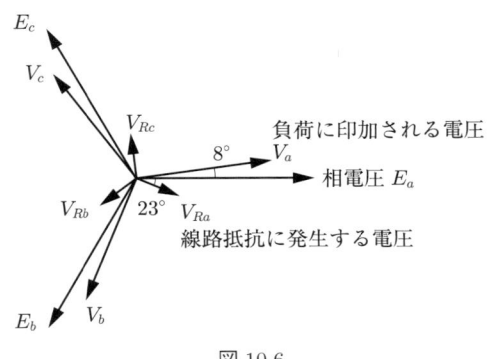

図 10.6

(f) 線路抵抗で消費される電力 P_{loss}（送電損失）を求める

a 相の線路抵抗で消費される電力 P_{loss} は，線路抵抗 R に線電流 I_a が流れることで発生する．このことから，以下の式で求められる．なお，この消費電力は，線路抵抗 1 つ当たりの値である．

$$P_{loss} = R \cdot |I_a|^2 = 2 \cdot |26.2|^2 = 1373 \,(\text{W}) \qquad (10.3.10)$$

回路全体で線路抵抗によって消費される電力は，この 3 倍となる．

$$P_{total\ loss} = 3 \cdot P_{loss} = 3 \cdot R \cdot |I|^2$$
$$= 4119 \,(\text{W}) \qquad (10.3.11)$$

> 図 10.4 の三相回路は平衡状態であるため，回路全体で消費される電力は単相のそれの 3 倍である．

3 つの負荷 Z で消費される電力の合計は，負荷の抵抗成分 $5\,(\Omega)$ と相電流を用いて，以下で求められる．

$$P_{total} = 3 \cdot \text{Re}(Z) \cdot |I_a|^2$$
$$= 3 \cdot 5 \cdot |26.2|^2 = 10375 \,(\text{W}) \qquad (10.3.12)$$

> 負荷 Z の抵抗成分（実数成分）は $\text{Re}(Z)$ で表される．

線路抵抗と負荷で消費される電力の比は，線路抵抗の値 R と負荷の抵抗成分 $\text{Re}(Z)$ の比で決定されることが分かる．

【演習 10.4】

図 10.7 の Y-Y 結線の不平衡三相交流で，中性点間 (N-N′) の電圧 E_N を求めよ．

図 10.7 の三相交流回路は，負荷の値がアドミッタンス Y で示されている．

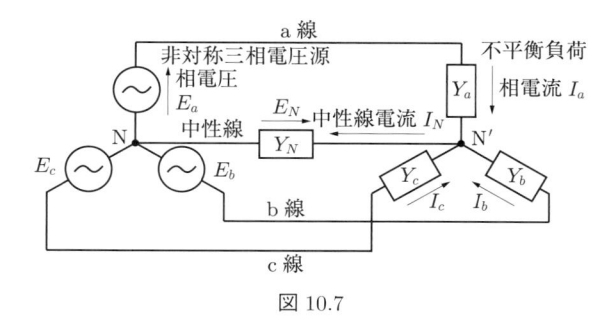

図 10.7

【演習解答】

(a) 各負荷に流れる電流を求める

各負荷に流れる相電流 I_a, I_b, I_c は，各相電圧 E_a, E_b, E_c と中性点間 (N-N′) の電圧 E_N から，以下のように求められる．

$$I_a = Y_a(E_a - E_N) \qquad I_b = Y_b(E_b - E_N)$$
$$I_c = Y_c(E_c - E_N) \tag{10.4.1}$$

アドミッタンス Y を用いたオームの法則は，以下の式である．

$$I = Y \cdot E$$

式 (10.4.1) で，$(E_a - E_N)$, $(E_b - E_N)$, $(E_c - E_N)$ は，各負荷に印加されている電圧である．

中性線を流れる電流 I_N は，中性点間電圧 E_N と中性点間に接続されているアドミッタンス Y_N から，以下で求められる．

$$I_N = Y_N E_N \tag{10.4.2}$$

(b) 中性点でキルヒホッフの電流側を適用する

Y 結線負荷の中性点 N′ でキルヒホッフの電流側を適用する．相電流 I_a, I_b, I_c は，中性点 N′ に流入している．一方，中性線電流 I_N は中性点 N′ から流出している．これらのことから，以下の式が成り立つ．

$$I_a + I_b + I_c - I_N = 0 \tag{10.4.3}$$

キルヒホッフの電流側（第一法則）は以下である．

$$\sum_{i=1}^{n} I_i = 0$$

(c) 中性点間電圧を求める

式 (10.4.1), (10.4.2) を式 (10.4.3) に代入することで，中性点間電圧 E_N を導出する．

$$Y_a(E_a - E_N) + Y_b(E_b - E_N) + Y_c(E_c - E_N) - Y_N E_N = 0$$
$$(Y_a + Y_b + Y_c + Y_N) E_N = Y_a E_a + Y_b E_b + Y_c E_c$$
$$E_N = \frac{Y_a E_a + Y_b E_b + Y_c E_c}{Y_a + Y_b + Y_c + Y_N} \tag{10.4.4}$$

【演習 10.5】

図 10.8 の $\Delta-Y$ 平衡三相交流回路の線電流 I_a, I_b, I_c を求めよ．ただし，三相電圧源 E_{ab}, E_{bc}, E_{ca} は対称状態とする．

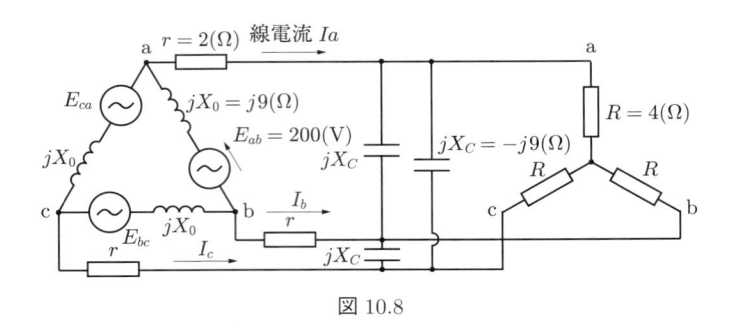

図 10.8

【演習解答】

(a) Y-Y 平衡三相交流回路に変換する

線電流 I_a, I_b, I_c を求める問題であるため，Δ 形に結線された対称三相電圧源 E_{ab}, E_{bc}, E_{ca}，コイル jX_0，コンデンサ jX_C を，それぞれ Y 形結線に変換すると，計算が容易である（図 10.9）．

Y 形結線した相電圧 E_a, E_b, E_c，コイル jX_{0Y}，コンデンサ jX_{CY} は，以下の式で求められる．なお，Y 形結線の相電圧 E_a, E_b, E_c の偏角は，元の回路（図 10.8）の交流電圧源 E_{ab} を基準にして示されている．

Y 形結線三相電圧源

$$E_a = \frac{1}{\sqrt{3}} E_{ab} \angle -30° = \frac{1}{\sqrt{3}} 200 \angle -30°$$
$$= 115 \angle -30° \text{ (V)} \tag{10.5.1}$$

$$E_b = \frac{1}{\sqrt{3}} E_{bc} \angle -30° = \frac{1}{\sqrt{3}} 200 \angle (-120° -30°)$$
$$= 115 \angle -150° \text{ (V)} \tag{10.5.2}$$

$$E_c = \frac{1}{\sqrt{3}} E_{ca} \angle -30° = \frac{1}{\sqrt{3}} 200 \angle (-240° -30°)$$
$$= 115 \angle -270° \text{ (V)} \tag{10.5.3}$$

Y 形結線コイル

$$jX_{0Y} = \frac{1}{3} jX_0 = \frac{1}{3} j9 = j3 \text{ (}\Omega\text{)} \tag{10.5.4}$$

Y 形結線コンデンサ

$$jX_{CY} = \frac{1}{3} jX_C = \frac{1}{3}(-j9) = -j3 \text{ (}\Omega\text{)} \tag{10.5.5}$$

図 10.9

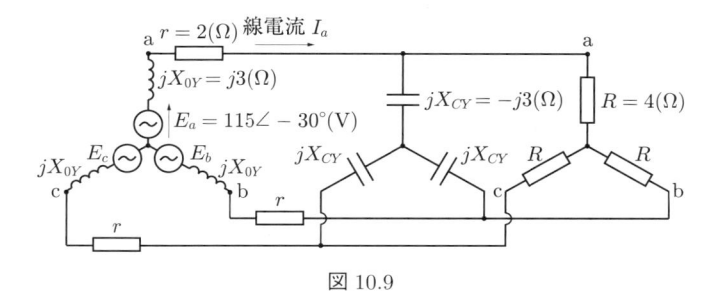

(b) 線電流を求める

図 10.9 の Y-Y 平衡三相交流回路で，a 相の単相回路は，図 10.10 になる．この単相回路から，線電流 I_a が求められる．また，線電流 I_b, I_c も同様である．

$$I_a = \frac{E_a}{jX_{0Y} + r + \frac{jX_{CY} \cdot R}{jX_{CY} + R}} = \frac{115\angle -30°}{j3 + 2 + \frac{-j3\cdot 4}{-j3+4}}$$
$$= 21.6 - j23.5 = 31.9\angle -47° \text{ (A)} \tag{10.5.6}$$

$$I_b = \frac{E_b}{jX_{0Y} + r + \frac{jX_{CY} \cdot R}{jX_{CY} + R}} = \frac{115\angle -150°}{j3 + 2 + \frac{-j3\cdot 4}{-j3+4}}$$
$$= -31.1 - j6.94 = 31.9\angle -167° \text{ (A)} \tag{10.5.7}$$

$$I_c = \frac{E_c}{jX_{0Y} + r + \frac{jX_{CY} \cdot R}{jX_{CY} + R}} = \frac{115\angle -270°}{j3 + 2 + \frac{-j3\cdot 4}{-j3+4}}$$
$$= 9.55 + j30.4 = 31.9\angle 73°$$
$$= 31.9\angle (73° - 360°) = 31.9\angle -287° \text{ (A)} \tag{10.5.8}$$

図 10.10

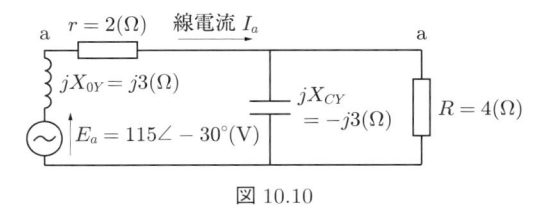

式 (10.5.6)〜(10.5.8) で示された線電流の位相は，図 10.8 の Δ 形三相交流電源の相電流 E_{ab} を基準にしている．図 10.9 の Y 形三相電圧源の相電圧 E_a を位相の基準にすると，線電流は以下となる．

$I_a = 31.9\angle -17°$ (A)
$I_b = 31.9\angle -137°$ (A)
$I_c = 31.9\angle -257°$ (A)

【演習 10.6】

図 10.11 の中性線が存在しない Y-Y 結線の不平衡三相交流で，相電流 I_a, I_b, I_c を求めよ．また，各負荷に印加される電圧 V_a, V_b, V_c のフェーザ図を描け．ただし，Y 形三相電圧源は，大きさが 100 (V) の対称状態とする．

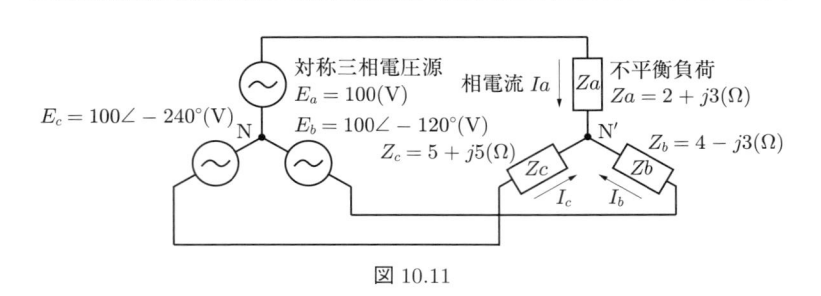

図 10.11

【演習解答】

(a) 中性点間電圧 E_N を求める

図 10.11 の回路には中性線が存在しないが，中性点間 (N-N′) の電圧 E_N を求めるために，中性点間 (N-N′) はインピーダンスが無限大 $Z_N = \infty$ (Ω) の中性線で接続されていると考える．

各相電圧 E_a, E_b, E_c を直交形式に変換する．また，各相の負荷 Z_a, Z_b, Z_c および中性線のインピーダンス $Z_N = \infty$ (Ω) をアドミッタンスに変換すると以下となる．

電圧を極形式から直交形式に変換するためには，以下の式を用いる．

$$E\angle\theta = E\cos\theta + jE\sin\theta$$

インピーダンス Z からアドミッタンス Y への変換は，以下の式を用いる．

$$Y = \frac{1}{Z}$$

$$E_a = 100 + j0 \text{ (V)}$$
$$E_b = 100\angle-120° = 100\cos(-120°) + j100\sin(-120°)$$
$$= -50 - j86.6 \text{ (V)}$$
$$E_c = 100\angle-240° = 100\cos(-240°) + j100\sin(-240°)$$
$$= -50 + j86.6 \text{ (V)} \tag{10.6.1}$$
$$Y_a = \frac{1}{Z_a} = \frac{1}{2+j3} = 0.154 - j0.231 \text{ (S)}$$
$$Y_b = \frac{1}{Z_b} = \frac{1}{4-j3} = 0.16 + j0.12 \text{ (S)}$$
$$Y_c = \frac{1}{Z_c} = \frac{1}{5+j5} = 0.1 - j0.1 \text{ (S)}$$
$$Y_N = \frac{1}{Z_N} = \frac{1}{\infty} = 0 \text{ (S)} \tag{10.6.2}$$

中性点間電圧 E_N は，これらの値を用いて，以下となる．

$$E_N = \frac{Y_a E_a + Y_b E_b + Y_c E_c}{Y_a + Y_b + Y_c + Y_N} = 69.8 - j35.2 \text{ (V)}$$
$$= 78.2\angle-27° \text{ (V)} \tag{10.6.3}$$

(b) 相電流を求める

図 10.11 の a 相の単相回路は，図 10.12 である．なお，この図には，インピーダンス $Z_N = \infty\,(\Omega)$ である中性線も描いてある．

この単相回路は，相（線）電流 I_a を求めるために用いられる．

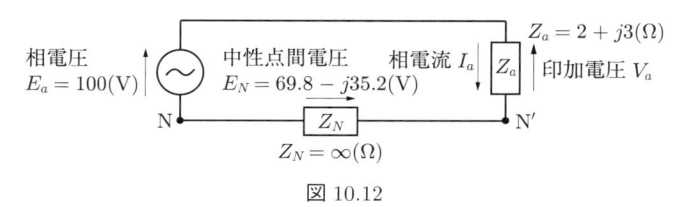

図 10.12

この単相回路では，相電圧 E_a と中性点間電圧 E_N は，極性が逆の状態で直列接続されている．このことから，相電流 I_a は，負荷への印加電圧 ($V_a = E_a - E_N$) を用いて，以下の式で求められる．また，他の相電流 I_b, I_c も同様である．

$$I_a = \frac{V_a}{Z_a} = \frac{E_a - E_N}{Z_a} = \frac{100 - (69.8 - j35.2)}{2 + j3}$$
$$= 12.8 - j1.55 = 12.9\angle -6.9°\,(A) \quad (10.6.4)$$
$$I_b = \frac{V_b}{Z_b} = \frac{E_b - E_N}{Z_b} = \frac{(-50 - j86.6) - (69.8 - j35.2)}{4 - j3}$$
$$= -13 - j22.6 = 26\angle -120°\,(A) \quad (10.6.5)$$
$$I_c = \frac{V_c}{Z_c} = \frac{E_c - E_N}{Z_c} = \frac{(-50 + j86.6) - (69.8 - j35.2)}{5 + j5}$$
$$= 0.2 + j24.2 = 24.2\angle 90° = 24.2\angle -270°\,(A) \quad (10.6.6)$$

三相交流の位相は，E_a を基準に負（遅れ）で示すため，相（線）電流 I_c は以下のように表せる．

$$I_c = 24.2\angle 90°$$
$$= 24.2\angle (90° - 360°)$$
$$= 24.2\angle -270°\,(A)$$

(c) 各負荷に印加される電圧のフェーザ図を描く

各負荷 Z_a, Z_b, Z_c に印加される電圧 V_a, V_b, V_c は，各相の交流電圧源 E_a, E_b, E_c から中間点間電圧 E_N を引くことで求められる．このことから，それぞれのファーザ図は図 10.13 である．

三相電圧源が対称状態であっても，負荷が不平衡である場合，それぞれの負荷に印加される電圧は非対称となる．

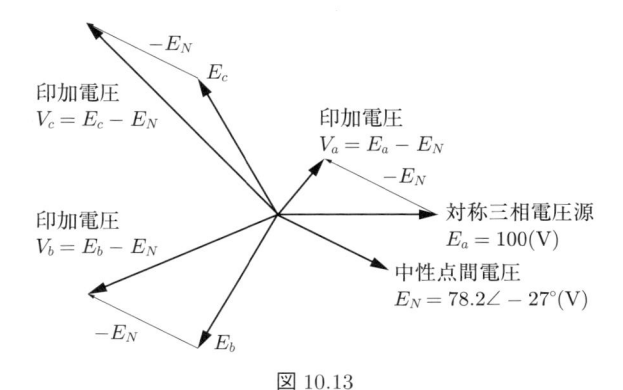

図 10.13

【演習 10.7】

図 10.14 に示す Δ-Y 不平衡三相交流回路の線電流 I_a, I_b, I_c を求めよ．さらに，この回路で消費される電力 P を求めよ．

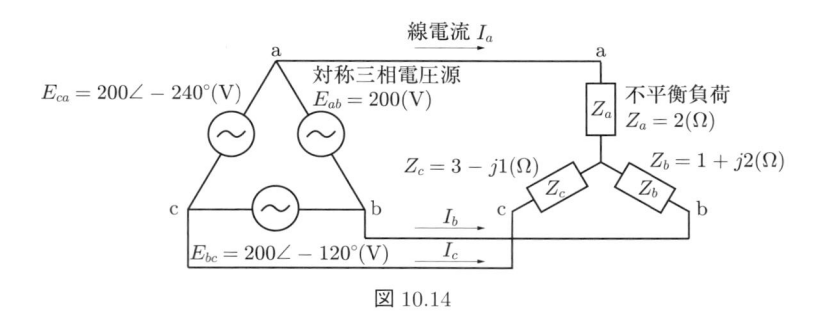

図 10.14

不平衡負荷であるため，以下の公式は使用できない．以下の公式は，平衡負荷に対して用いられる．

$$Z_\Delta = 3Z_Y$$

【演習解答】

(a) Δ-Δ 不平衡三相交流回路に変換する

図 10.14 の Y 形結線された不平衡負荷を Δ 形結線に変換する（図 10.15）．変換された負荷 Z_{ab}, Z_{bc}, Z_{ca} は以下である．

$$Z_{ab} = \frac{Z_a Z_b + Z_b Z_c + Z_c Z_a}{Z_c}$$
$$= \frac{2 \cdot (1+j2) + (1+j2)(3-j1) + (3-j1) \cdot 2}{(3-j1)}$$
$$= 3.2 + j3.4 = 4.67\angle 47° \ (\Omega) \tag{10.7.1}$$

$$Z_{bc} = \frac{Z_a Z_b + Z_b Z_c + Z_c Z_a}{Z_a} = 7.38\angle 28° \ (\Omega) \tag{10.7.2}$$

$$Z_{ca} = \frac{Z_a Z_b + Z_b Z_c + Z_c Z_a}{Z_b} = 6.6\angle -35° \ (\Omega) \tag{10.7.3}$$

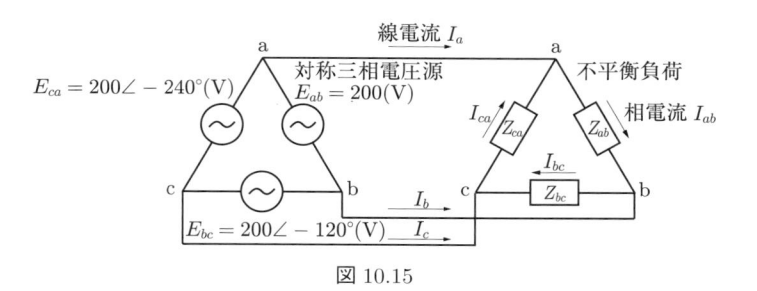

図 10.15

(b) Δ 形不平衡負荷の相電流を求める

図 10.15 の Δ 形不平衡負荷に流れる相電流 I_{ab}, I_{bc}, I_{ca} は，以下である．

$$I_{ab} = \frac{E_{ab}}{Z_{ab}} = \frac{200}{4.67\angle 47°} = 42.8\angle -47° \text{ (A)} \tag{10.7.4}$$

$$I_{bc} = \frac{E_{bc}}{Z_{bc}} = \frac{200\angle -120°}{7.38\angle 28°} = 27.1\angle -148° \text{ (A)} \tag{10.7.5}$$

$$I_{ca} = \frac{E_{ca}}{Z_{ca}} = \frac{200\angle -240°}{6.6\angle -35°} = 30.3\angle 155° \text{ (A)}$$

$$= 30.3\angle -205° \text{ (A)} \tag{10.7.6}$$

(c) Δ形不平衡負荷の相電流から線電流を求める

Δ形不平衡負荷（図 10.15）の相電流 I_{ab}, I_{bc}, I_{ca} を線電流 I_a, I_b, I_c に変換すると以下になる．これらの線電流は，Δ-Y 不平衡三相交流回路（図 10.14）の線電流と同じである．

図 10.15 の点 a,b,c でキルヒホッフの電流側が成り立つことから，Δ形不平衡負荷に流れる相電流を線電流に変換出来る．

$$I_a - I_{ab} + I_{ca} = 0$$

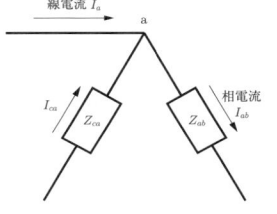

$$
\begin{aligned}
I_a &= I_{ab} - I_{ca} = (42.8\angle -47°) - (30.3\angle -205°) \\
&= (29.2 - j31.3) - (-27.5 + j12.8) \\
&= 56.7 - j44.1 \\
&= 71.8\angle -38° \text{ (A)}
\end{aligned}
\tag{10.7.7}
$$

$$
\begin{aligned}
I_b &= I_{bc} - I_{ab} = (27.1\angle -148°) - (42.8\angle -47°) \\
&= -52.2 + 16.9 = 54.9\angle 162° \\
&= 54.9\angle -198° \text{ (A)}
\end{aligned}
\tag{10.7.8}
$$

$$
\begin{aligned}
I_c &= I_{ca} - I_{bc} = (30.3\angle -205) - (27.1\angle -148°) \\
&= -4.48 + j27.2 = 27.6\angle 99° \\
&= 27.6\angle -261° \text{ (A)}
\end{aligned}
\tag{10.7.9}
$$

(d) 消費電力を求める

図 10.14 の回路で，線電流 I_a, I_b, I_c はそれぞれ Y 形結線の負荷 Z_a, Z_b, Z_c に流れる．このことから，それぞれの負荷で消費される電力 P_a, P_b, P_c は以下となる．

負荷の抵抗成分 R に電流 I が流れているとき，消費される電力（有効電力）は以下の式で求められる．

$$P = R \cdot |I|^2$$

$$
\begin{aligned}
P_a &= \text{Re}(Z_a)|I_a|^2 = \text{Re}(2) \cdot 71.8^2 = 2 \cdot 71.8^2 \\
&= 10310 \text{ (W)}
\end{aligned}
\tag{10.7.10}
$$

$$
\begin{aligned}
P_b &= \text{Re}(Z_b)|I_b|^2 = \text{Re}(1+j2) \cdot 54.9^2 = 1 \cdot 54.9^2 \\
&= 3014 \text{ (W)}
\end{aligned}
\tag{10.7.11}
$$

$$
\begin{aligned}
P_c &= \text{Re}(Z_c)|I_c|^2 = \text{Re}(3-j1) \cdot 27.6^2 = 3 \cdot 27.6^2 \\
&= 2285 \text{ (W)}
\end{aligned}
\tag{10.7.12}
$$

$\text{Re}(Z)$ は，インピーダンス Z の実数部（抵抗成分）を表している．

各負荷の消費電力から，回路全体の消費電力 P は以下となる．

$$
\begin{aligned}
P &= P_a + P_b + P_c = 10310 + 3014 + 2285 \\
&= 15609 \text{ (W)}
\end{aligned}
\tag{10.7.13}
$$

図10.16は，三相3線式配電線に2つの負荷 R を接続した場合の回路である．

【演習 10.8】
図 10.16 に示すように △ 形に結線した対称三相電圧源に 2 つの負荷 $R = 10\,(\Omega)$ を接続した．各線に流れる電流 I_a, I_b, I_c を求めよ．さらに，回路全体で消費される電力 P を求めよ．

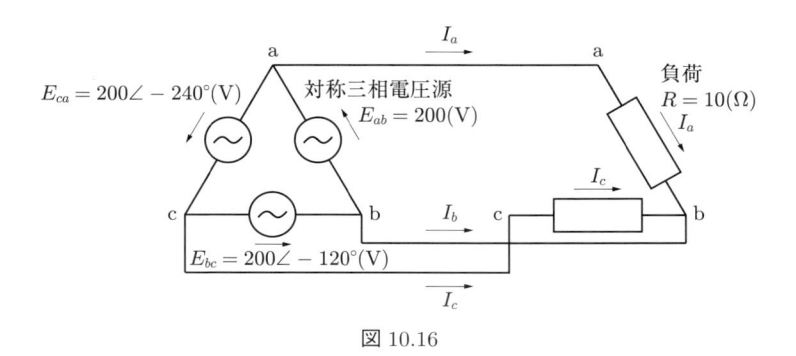

図 10.16

【演習解答】
(a) 線電流 I_a, I_c を求める

a-b 間および b-c 間に接続されている負荷 R には，それぞれ相電圧 E_{ab}, E_{bc} が印加されている．線電流 I_a, I_c は，それぞれの負荷に流れる電流と等しいため，以下である．

$$I_a = \frac{E_{ab}}{R} = \frac{200}{10} = 20\,(\text{A}) \tag{10.8.1}$$

$$I_c = \frac{-E_{bc}}{R} = \frac{-(200\angle - 120°)}{10} = -(20\angle - 120°)\,(\text{A}) \tag{10.8.2}$$

相電圧 E_{bc} は，線電流 I_c と向きが逆であるため，式 (10.8.2) では $-E_{bc}$ となる．

(b) 線電流 I_b を求める

負荷側の点 b には全ての相の導線が接続されているため，以下のキルヒホッフの電流則が成り立つ．このことから，線電流 I_b が求められる．

$$I_a + I_b + I_c = 0 \tag{10.8.3}$$

$$\begin{aligned} I_b &= -I_a - I_c \\ &= -20 - \left(-(20\angle - 120°)\right) \\ &= -20 - \left(-(-10 - j17.3)\right) \\ &= 34.6\angle - 150°\,(\text{A}) \end{aligned} \tag{10.8.4}$$

図 10.16 の回路は，不平衡三相交流回路（a-c 間の負荷が無限大）であるため，線電流 I_b は他の線電流より高くなる．

(c) 回路全体で消費される電力

回路全体で消費される電力 P は，2 つの抵抗 R にそれぞれ相電流 I_a, I_c が流れることで発生する．

$$\begin{aligned} P &= R|I_a|^2 + R|I_c|^2 = 10 \cdot 20^2 + 10 \cdot 20^2 \\ &= 8\,(\text{kW}) \end{aligned} \tag{10.8.5}$$

【演習 10.9】

図 10.17 に示す V 形に結線した交流電圧源 E_{ab}, E_{ca} に，平衡負荷を接続した．各負荷に流れる相電流 I_{ab}, I_{bc}, I_{ca} を求めよ．さらに，交流電圧源から出力される電流 I'_{ab}, I'_{ca} を求めよ．

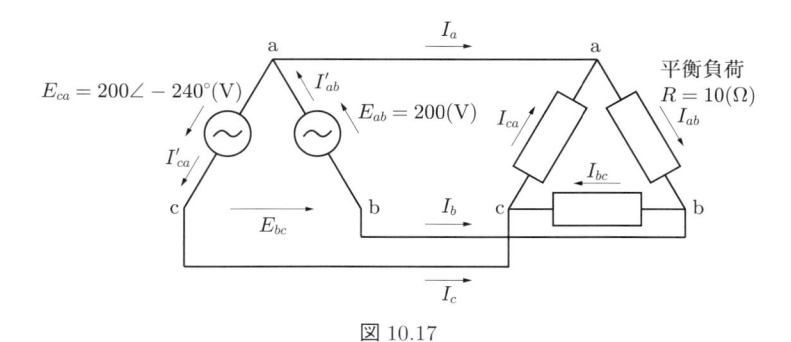

図 10.17

【演習解答】

(a) 負荷に流れる相電流 I_{ab}, I_{ca} を求める

a-b 間および c-a 間に接続されている負荷 R には，それぞれ相電圧 E_{ab}, E_{ca} が印加されているため，相電流 I_{ab}, I_{ca} は以下となる．

$$I_{ab} = \frac{E_{ab}}{R} = \frac{200}{10} = 20 \text{ (A)} \tag{10.9.1}$$

$$I_{ca} = \frac{E_{ca}}{R} = \frac{200\angle -240°}{10} = 20\angle -240° \text{ (A)} \tag{10.9.2}$$

(b) 負荷に流れる相電流 I_{bc} を求める

b-c 間の電圧 E_{bc} は，交流電圧源 E_{ab}, E_{ca} から以下となる．

$$\begin{aligned} E_{bc} &= (-E_{ab}) - E_{ca} = (-200) - (200\angle -240°) \\ &= 200\angle -120° \text{ (A)} \end{aligned} \tag{10.9.3}$$

相電流 I_{bc} は，b-c 間の電圧 E_{bc} と負荷 R から以下である．

$$I_{bc} = \frac{E_{bc}}{R} = \frac{200\angle -120°}{10} = 20\angle -120° \text{ (A)} \tag{10.9.4}$$

(c) 交流電圧源の出力電流 I'_{ab}, I'_{ca} を求める

交流電圧源の出力電流 I'_{ab}, I'_{ca} は，線電流 I_b, I_c から求められる．また，これらの線電流は，三相負荷の相電流 I_{ab}, I_{bc}, I_{ca} から求められる．

$$\begin{aligned} I'_{ab} &= -I_b = -(I_{bc} - I_{ab}) = -\left((20\angle -120°) - 20\right) \\ &= 20\sqrt{3}\angle 30° = 34.6\angle 30° \text{ (A)} \end{aligned} \tag{10.9.5}$$

$$\begin{aligned} I'_{ca} &= I_c = I_{ca} - I_{bc} = (20\angle -240°) - (20\angle -120°) \\ &= 20\sqrt{3}\angle 90° = 34.6\angle -270° \text{ (A)} \end{aligned} \tag{10.9.6}$$

交流電圧源から出力される電流（相電流）I'_{ab}, I'_{ca} は，負荷に流れる相電流 I_{ab}, I_{ca} に比べて，大きさが $\sqrt{3}$ 倍である．

3 つの負荷で消費される電力は，各負荷に流れる電流が 20 (A) であるため，以下となる．

$$\begin{aligned} P &= 3 \cdot 10 \cdot 20^2 \\ &= 12 \text{ (kW)} \end{aligned}$$

2 つの交流電圧源から供給される電力 P'_{ab}, P'_{ca} は，交流電圧源の相電圧と出力（相）電流および電圧と電流の位相差から求められる．

$$\begin{aligned} P'_{ab} &= |E_{ab}| \cdot |I'_{ab}| \cos\theta \\ &= 200 \cdot 20\sqrt{3} \\ &\quad \cdot \cos(30° - 0°) \\ &= 6 \text{ (kW)} \end{aligned}$$

$$\begin{aligned} P'_{ca} &= |E_{ca}| \cdot |I'_{ca}| \cos\theta \\ &= 200 \cdot 20\sqrt{3} \\ &\quad \cdot \cos\left(-270 - (-240)\right) \\ &= 6 \text{ (kW)} \end{aligned}$$

交流電圧源から供給される電力の合計は，負荷で消費される電力の合計と等しくなる．

対称三相電圧源に平衡三相負荷が接続されているが，線a-b間に抵抗 R が接続されているため，図 10.18 の回路は不平衡三相交流回路になる．

【演習 10.10】
図 10.18 に示す線 a-b 間に抵抗 R を接続した三相交流回路で，抵抗 R より負荷側の線電流 I_a, I_b, I_c，および三相電圧源側の線電流 I'_a, I'_b を求めよ．

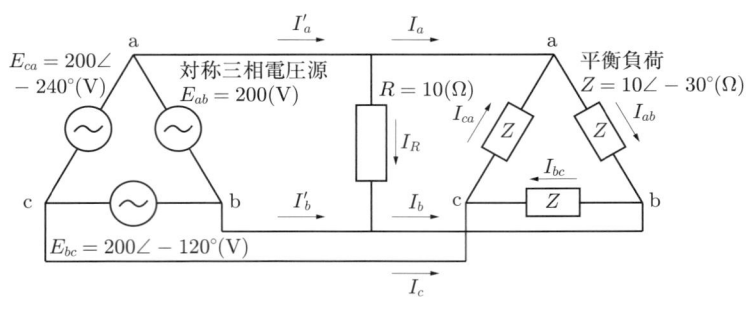

図 10.18

【演習解答】
(a) 負荷に流れる電流を求める

△形に接続された負荷に流れる相電流 I_{ab}, I_{bc}, I_{ca} および抵抗 R に流れる電流 I_R は，以下である．

△形平衡三相負荷に流れる相電流は，対称電流である．

$$I_{ab} = \frac{E_{ab}}{Z} = \frac{200}{10\angle -30°} = 20\angle 30° \text{ (A)} \tag{10.10.1}$$

$$I_{bc} = \frac{E_{bc}}{Z} = \frac{200\angle -120°}{10\angle -30°} = 20\angle -90° \text{ (A)} \tag{10.10.2}$$

$$I_{ca} = \frac{E_{ca}}{Z} = \frac{200\angle -240°}{10\angle -30°} = 20\angle -210° \text{ (A)} \tag{10.10.3}$$

$$I_R = \frac{E_{ab}}{R} = \frac{200}{10} = 20 \text{ (A)} \tag{10.10.4}$$

(b) 抵抗 R より負荷側の線電流を求める

抵抗 R より負荷側の線電流 I_a, I_b, I_c は，相電流 I_{ab}, I_{bc}, I_{ca} を変換して，以下となる．

抵抗 R より負荷側の線電流 I_a, I_b, I_c は，対称電流である．

$$I_a = \sqrt{3} I_{ab} \angle -30° = 34.6 \text{ (A)} \tag{10.10.5}$$

$$I_b = \sqrt{3} I_{bc} \angle -30° = 34.6\angle -120° \text{ (A)} \tag{10.10.6}$$

$$I_c = \sqrt{3} I_{ca} \angle -30° = 34.6\angle -240° \text{ (A)} \tag{10.10.7}$$

(c) 抵抗 R より三相電圧源側の線電流を求める

抵抗 R より三相電圧源側の線電流 I'_a, I'_b は，キルヒホッフの電流則を用いて，以下となる．

抵抗 R より三相電圧源側の線電流 I'_a, I'_b および I_c は，非対称電流である．

$$I'_a = I_a + I_R = 34.6 + 20 = 54.6 \text{ (A)} \tag{10.10.8}$$

$$I'_b = I_b - I_R = (34.6\angle -120°) - 20 = 47.8\angle -141° \text{ (A)} \tag{10.10.9}$$

第11章 一般線形回路

抵抗，コイルおよびコンデンサなどの回路素子は，電圧と電流が線形（直線）の比例関係にある．そのような素子で構成された回路は，線形回路と呼ばれる．線形回路では，以下の諸定理が成立する．

電圧と電流が線形の比例関係にある回路素子は，線形回路素子と呼ばれる．

ダイオードなどの素子は，電圧と電流が線形の比例関係にならない．そのような素子は非線形回路素子と呼ばれる．

(a) テブナンの定理

テブナンの定理は，電源や信号源などを，定電圧源 E_0 と内部インピーダンス z_0 が直列に接続された等価回路で表す定理である．テブナンの定理で示される電源に負荷（インピーダンス）Z を接続した場合，負荷には以下の電流 I_{out} が流れる．

$$I_{out} = \frac{E_0}{z_0 + Z} \tag{1}$$

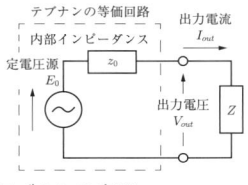

テブナンの定理

(b) ノートンの定理

ノートンの定理は，電源や信号源などを，定電流源 J_0 と内部アドミッタンス y_0 が並列に接続された等価回路で表す定理である．ノートンの定理で示される電源に負荷（アドミッタンス）Y を接続した場合，負荷には以下の電圧 V_{out} が印加される．

$$V_{out} = \frac{J_0}{y_0 + Y} \tag{2}$$

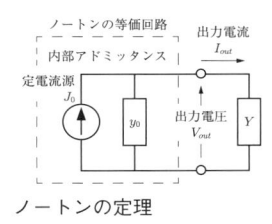

ノートンの定理

(c) ミルマンの定理

ミルマンの定理は，定電圧源 E_n と内部アドミッタンス y_n で構成された電圧源を並列に接続した場合の開放電圧 V_o を求める定理である．

$$V_o = \frac{\sum y_n E_n}{\sum y_n} \tag{3}$$

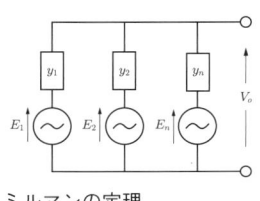

ミルマンの定理

(d) 重ねあわせの定理

複数の電源を含む回路の電圧および電流は，それぞれの電源が単独で存在してる場合の和に等しいことを示す定理である．

(e) 補償の定理

補償の定理は，インピーダンス Z の値が ΔZ 変化した場合に発生する電流の変化 ΔI を，補償電圧 $-\Delta Z I$ を用いて表現する定理である．

【演習 11.1】
図 11.1 の回路をテブナンの等価回路に変換せよ．

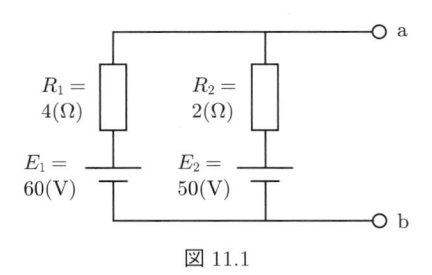

図 11.1

【演習解答】

(a) テブナンの等価回路の定電圧源 E_0 を求める

テブナンの等価回路の定電圧源 E_0 は，端子 a-b 間の開放電圧 V_o に等しい．開放電圧 V_o は，ミルマンの定理を用いて，以下となる．

$$E_0 = V_o = \frac{\sum y_n E_n}{\sum y_n} = \frac{\frac{1}{R_1}E_1 + \frac{1}{R_2}E_2}{\frac{1}{R_1} + \frac{1}{R_2}} = \frac{\frac{1}{4}60 + \frac{1}{2}50}{\frac{1}{4} + \frac{1}{2}}$$
$$= 53.3 \text{ (V)} \tag{11.1.1}$$

(b) テブナンの等価回路の内部抵抗 r_0 を求める

定電圧源の除去とは，短絡状態にすることである．

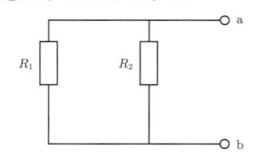

テブナンの等価回路の内部抵抗 r_0 は，図 11.1 の回路から定電圧源 E_1，E_2 を除去した回路の合成抵抗に等しい．このことから，内部抵抗 r_0 は以下となる．

$$r_0 = \frac{R_1 R_2}{R_1 + R_2} = \frac{4 \cdot 2}{4 + 2} = 1.33 \text{ (Ω)} \tag{11.1.2}$$

(c) テブナンの等価回路を描く

テブナンの等価回路は，以上で求めた定電圧源 E_0，および内部抵抗 r_0 を用いて図 11.2 となる．

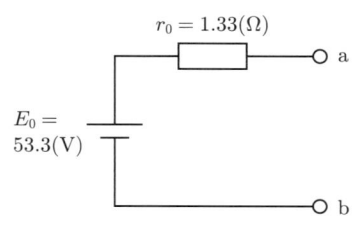

図 11.2 テブナンの等価回路

【演習 11.2】

図 11.3 に示す回路を (a) テブナンの等価回路,および (b) ノートンの等価回路に変換せよ.

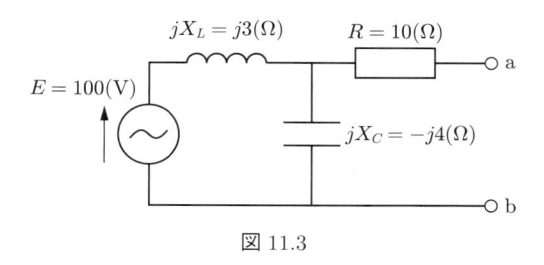

図 11.3

【演習解答】

(a) テブナンの等価回路に変換する

図 11.3 の回路で,端子 a-b 間の開放電圧 V_o は以下である.

$$V_o = \frac{jX_c}{jX_L + jX_c}E = \frac{-j4}{j3+(-j4)}100 = 400 \text{ (V)} \quad (11.2.1)$$

端子 a-b からみた合成インピーダンス Z は以下である.

$$Z = R + \frac{jX_L \cdot jX_C}{jX_L + jX_c} = 10 + \frac{j3 \cdot -j4}{j3+(-j4)} = 10 + j12 \text{ (Ω)} \quad (11.2.2)$$

テブナンの等価回路で電圧源 E_0 および内部インピーダンス z_0 は,それぞれ開放電圧 V_o,および端子 a-b からみた合成インピーダンス Z に等しい.このことから,テブナンの等価回路は図 11.4(a) となる.

端子 a-b 間が開放状態であるとき,抵抗 R には電流が流れない.そのため,抵抗 R での電圧降下はなく,コンデンサに発生する電圧が端子 a-b 間の開放電圧 V_o となる.

(b) ノートンの等価回路に変換する

図 11.3 の回路で,端子 a-b 間を短絡したときに流れる電流(短絡電流)I_s は以下である.

$$I_s = \frac{jX_c}{R+jX_c}\frac{E}{jX_L + \frac{R \cdot jX_C}{R+jX_C}} = \frac{-j4}{10+(-j4)}\frac{100}{j3+\frac{10 \cdot -j4}{10+(-j4)}}$$

$$= 25.6 \angle -50 \text{ (A)} \quad (11.2.3)$$

ノートンの等価回路で電流源 J_0,および内部インピーダンス z_0 は,それぞれ短絡電流 I_s,および端子 a-b からみた合成インピーダンス Z に等しい.このことから,ノートンの等価回路は図 11.4(b) になる.

端子 a-b 間を短絡した回路は以下である.

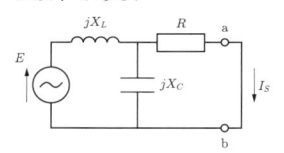

(a) テブナンの等価回路 $z_0 = 10 + j12(\text{Ω})$, $E_0 = 400(\text{V})$

(b) ノートンの等価回路 $J_0 = 25.6 \angle -50°(\text{A})$, $z_0 = 10 + j12(\text{Ω})$

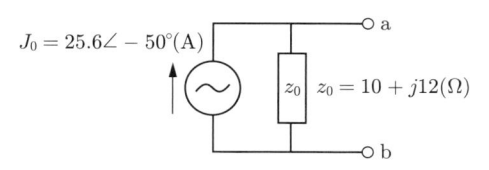

図 11.4

図11.5は，入力抵抗が R_5 である検流計を用いたブリッジ回路である．平衡条件を満たしていないため，検流計（抵抗 R_5）には電流 I_5 が流れる．

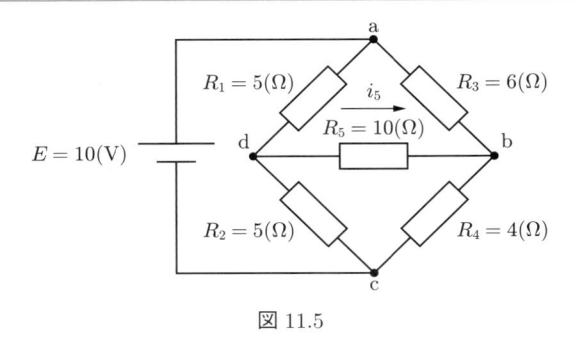

【演習 11.3】

図11.5に示す回路で，抵抗 R_5 に流れる電流 I_5 をテブナンの定理を用いて求めよ．

図 11.5

【演習解答】

(a) テブナンの等価回路に変換する

図11.5の回路は，図11.6(a)の回路に変換出来る．定電圧源 E および抵抗 $R_1 \sim R_4$ を図11.6(b)に示すテブナンの等価回路に変換することで，抵抗 R_5 に流れる電流 I_5 を求める．

図11.6(a)で，端子 d-b 間を開放したときの電圧 V_o および抵抗 R_5 と定電圧源 E を取り除いたときの端子 d-b 間の合成抵抗 R_{db} は以下の回路を用いて求められる．

(a) 端子 d-b 間を開放

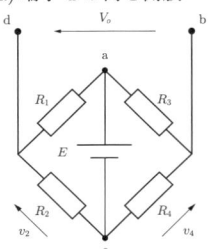

(b) 抵抗 R_5 と定電圧源を除去

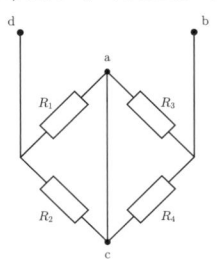

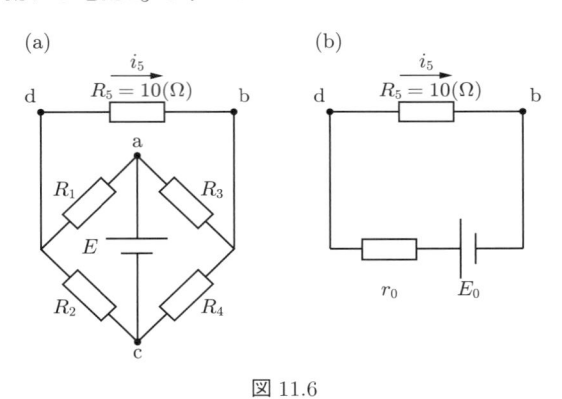

図 11.6

テブナンの等価回路の定電圧源 E_0 は，図11.6(a)で端子 d-b 間を開放したときの電圧 V_o である．開放電圧 V_o は，抵抗 R_2 と R_4 に発生する電圧 v_2 と v_4 の差 $(v_2 - v_4)$ で求められる．

$$E_0 = V_o = v_2 - v_4 = \frac{R_2}{R_2 + R_1}E - \frac{R_4}{R_4 + R_3}E$$
$$= \frac{5}{5+5}10 - \frac{4}{4+6}10 = 1 \,(\text{V}) \tag{11.3.1}$$

テブナンの等価回路の内部抵抗 r_0 は，図11.7(a)の回路から抵抗 R_5 と定電圧源 E を取り除いたときの端子 d-b 間の合成抵抗 R_{db} である．

$$r_0 = R_{db} = \frac{R_1 R_2}{R_1 + R_2} + \frac{R_3 R_4}{R_3 + R_4} = \frac{5 \cdot 5}{5+5} + \frac{6 \cdot 4}{6+4}$$
$$= 4.9 \,(\Omega) \tag{11.3.2}$$

(b) 抵抗 R_5 に流れる電流を求める

テブナンの等価回路（図 11.6(b)）を用いて，抵抗 R_5 に流れる電流 I_5 を求めると以下になる．

$$i_5 = \frac{E_0}{r_0 + R_5} = \frac{1}{4.9 + 10} = 67.1 \text{ (mA)} \tag{11.3.3}$$

■ノートンの定理を用いた解法

抵抗 R_5 に流れる電流 I_5 は，図 11.5 の回路をノートンの等価回路（図 11.7(a)）に変換することでも求められる．

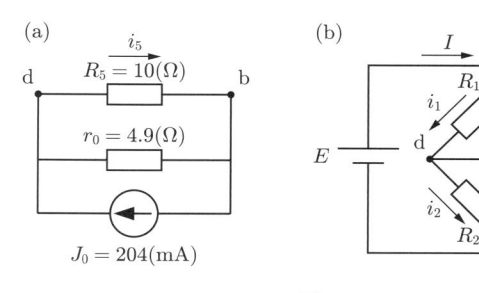

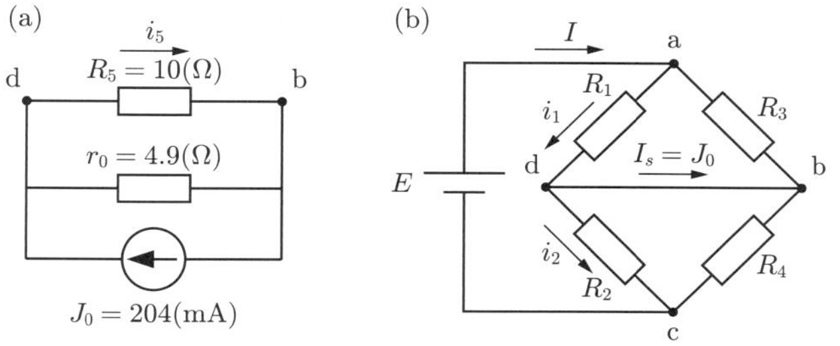

図 11.7

図 11.7(b) で，電流 I，i_1，i_2 は，図 11.7(b) の回路を以下の等価回路に変換すると求められる．この等価回路には点 d, b が存在しないため，電流 I_s は求められない．

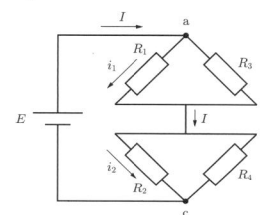

ノートンの等価回路で，その内部抵抗 r_0 はテブナンの等価回路の内部抵抗と同じ値 ($r_0 = 4.9\,(\Omega)$) である．一方，定電流源 J_0 は，端子 d-b 間を短絡し（図 11.7(b)），そこに流れる電流 I_s と同じ値である．

端子 d-b 間を短絡させたとき，定電圧源 E から出力される電流 I は，抵抗 $R_5 \sim R_4$ の合成抵抗 R を求めることで，以下となる．

$$I = \frac{E}{R} = \frac{E}{\frac{R_1 R_3}{R_1 + R_3} + \frac{R_2 R_4}{R_2 + R_4}} = 2020 \text{ (mA)} \tag{11.3.4}$$

抵抗 R_1, R_2 に流れる電流 i_1, i_2 は分流の定理を用いて，以下となる．

$$i_1 = 1102 \text{ (mA)} \qquad i_2 = 898 \text{ (mA)} \tag{11.3.5}$$

分流の定理は，以下の式である．

$$i_1 = \frac{R_3}{R_1 + R_3} I$$
$$i_2 = \frac{R_4}{R_2 + R_4} I$$

図 11.7(b) の回路の点 d でキルヒホッフの電流側を適用すると，点 a-b 間を短絡したときに流れる電流 I_s が求められる．この値がノートンの等価回路の定電流源 J_0 である．

$$J_0 = I_s = i_1 - i_2 = 204 \text{ (mA)} \tag{11.3.6}$$

以上から，図 11.7(a) で抵抗 R_5 に流れる電流 I_5 は以下となる．

$$i_5 = \frac{r_0}{r_0 + R_5} J_0 = 67.1 \text{ (mA)} \tag{11.3.7}$$

図 11.8 は，三相交流回路であり，負荷がアドミッタンスで表されている．

図 11.8 のアドミッタンス Y_N に発生する電圧 E_N は，中性点 N, N′ 間の電圧 (中性点間電圧) である．

【演習 11.4】
図 11.8 の回路で，アドミッタンス Y_N に発生する電圧 E_N をミルマンの定理を用いて求めよ．

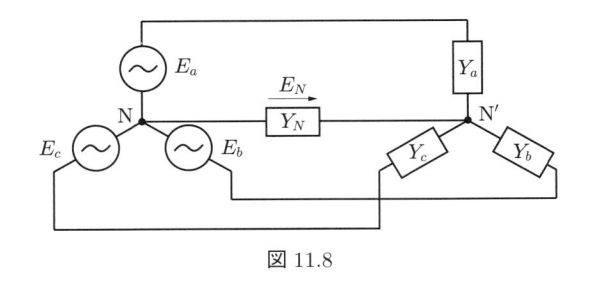

図 11.8

【演習解答】
図 11.8 の回路は，図 11.9 に変換できる．この回路では，アドミッタンス Y_N と直列に電圧源 $E_3 = 0\,(\mathrm{V})$ を挿入している．

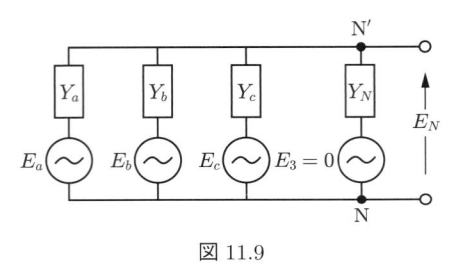

図 11.9

図 11.9 の回路にミルマンの定理を用いて，アドミッタンス Y_N に発生する電圧 E_N を求める．

ミルマンの定理を用いて求めた中性点間電圧 E_N は，演習 10.4 の解と同じである．

$$E_N = \frac{\sum Y_n E_n}{\sum Y_n} = \frac{Y_a E_a + Y_b E_b + Y_c E_c + Y_N E_3}{Y_a + Y_b + Y_c + Y_N}$$
$$= \frac{Y_a E_a + Y_b E_b + Y_c E_c}{Y_a + Y_b + Y_c + Y_N} \tag{11.4.1}$$

【演習 11.5】

図 11.10 に示す周波数が異なる 2 つの正弦波交流電圧源 $e_1(t)$, $e_2(t)$ が直列に接続された回路がある．この回路に流れる電流の瞬時値 $i(t)$ を重ね合わせの定理を用いて求めよ．

正弦波交流電圧 $e_1(t)$, $e_2(t)$ の周波数は，それぞれ $f_1 = 50\,(\text{Hz})$, $f_2 = 100\,(\text{Hz})$ である．

周波数が異なるため，複素数を用いた交流回路解析は出来ない．

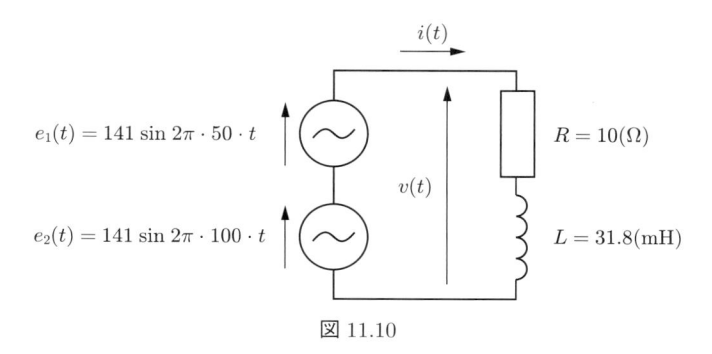

2 つの正弦波交流電圧 $e_1(t)$, $e_2(t)$ が合成された電圧 $v(t)$ の波形は以下となる．このような波形は，ひずみ波交流と呼ばれる．

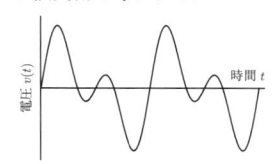

図 11.10

【演習解答】

(a) 1 つの正弦波交流電圧源で回路に流れる電流を求める

図 11.10 の回路は，重ね合わせの定理を用いて，図 11.11(a), (b) の回路に変換できる．

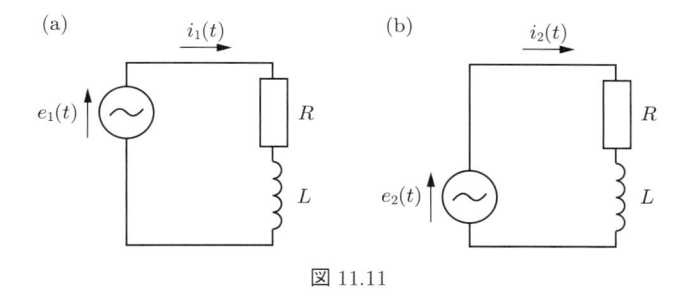

図 11.11

図 11.11(a), (b) の回路に流れる瞬時電流 $i_1(t), i_2(t)$ は，それぞれ以下となる．

$$i_1(t) = 9.98 \sin(2\pi \cdot 50 \cdot t - 0.25\pi) \tag{11.5.1}$$

$$i_2(t) = 6.31 \sin(2\pi \cdot 100 \cdot t - 0.35\pi) \tag{11.5.2}$$

正弦波交流電圧源 $e_1(t), e_2(t)$ の周波数が異なるため，図 5.7.2(a), (b) の回路でコイルのリアクタンス ($X_L = 2\pi f L$) が異なる．そのため，瞬時電流 $i_1(t)$ と $i_2(t)$ では，最大値および偏角が異なる．

(b) 元の回路に流れる瞬時電流を求める

図 11.10 の回路に流れる瞬時電流 $i(t)$ は，図 11.11(a), (b) の回路に流れる瞬時電流 $i_1(t), i_2(t)$ の和となる．

$$\begin{aligned} i(t) &= i_1(t) + i_2(t) \\ &= 9.98 \sin(2\pi \cdot 50 \cdot t - 0.25\pi) + 6.31 \sin(2\pi \cdot 100 \cdot t - 0.35\pi) \end{aligned} \tag{11.5.3}$$

瞬時電流 $i(t)$ の波形は以下である．周波数によってコイルのリアクタンスが異なるため，電圧と電流の波形は形が異なる．

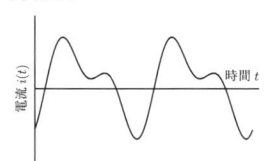

交流電源の角周波数 ω（周波数 f）が変化しても電流 I が一定であることから、ブリッジ回路の点 a-b 間は定抵抗回路である．

【演習 11.6】

図 11.12 に示すブリッジ回路の検流計 G には電流が流れず、さらに、交流電圧源の角周波数 ω が変化しても交流電圧源から出力される電流 I は一定の値である条件を求めよ．

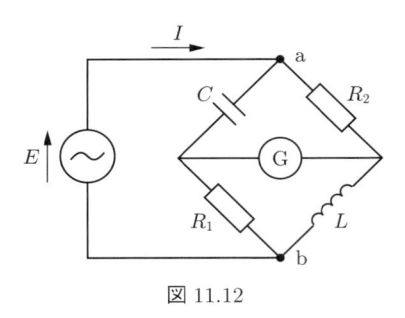

図 11.12

【演習解答】

(a) ブリッジ回路の平衡条件を求める

図 11.12 のブリッジ回路の平衡条件は、以下である．

$$\frac{1}{j\omega C} \cdot j\omega L = R_1 \cdot R_2 \qquad \therefore \quad \frac{L}{C} = R_1 \cdot R_2 \tag{11.6.1}$$

式 (11.6.1) には ω が含まれていないため、交流電源の角周波数 ω が変化しても、ブリッジ回路の平衡条件は変化しない．

(b) 交流電圧源からの電流が一定である条件を求める

交流電圧源から出力される電流 I は、以下となる．

$$\begin{aligned} I &= \frac{E}{\frac{1}{j\omega C} + R_1} + \frac{E}{R_2 + j\omega L} \\ &= \frac{(R_1 + R_2) + j\left(\omega L - \frac{1}{\omega C}\right)}{\left(R_1 R_2 + \frac{L}{C}\right) + j\left(\omega L R_1 - \frac{R_2}{\omega C}\right)} E \end{aligned} \tag{11.6.2}$$

図 11.12 のブリッジ回路が平衡状態であるとき、検流計 G には電流が流れない．そのため、以下の回路と等しくなる．

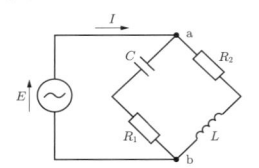

交流電圧源の角周波数 ω が変化しても電流 I が変化しないためには、式 (11.6.2) が $I = n \cdot E$ の形で、n が実数であればよい．

$$\frac{(R_1 + R_2) + j\left(\omega L - \frac{1}{\omega C}\right)}{\left(R_1 R_2 + \frac{L}{C}\right) + j\left(\omega L R_1 - \frac{R_2}{\omega C}\right)} = n \tag{11.6.3}$$

式 (11.6.3) を実数部と虚数部に分け、それぞれを定数 n について解くと以下となる．

$$n = \frac{R_1 + R_2}{R_1 R_2 + \frac{L}{C}} \qquad n = \frac{\omega L - \frac{1}{\omega C}}{\omega L R_1 - \frac{R_2}{\omega C}} \tag{11.6.4}$$

式 (11.6.4) は、式 (11.6.3) を以下の式に変形することで求められる．

$(R_1 + R_2) + j\left(\omega L - \dfrac{1}{\omega C}\right)$
$= n\left(R_1 R_2 + \dfrac{L}{C}\right) +$
$\quad jn\left(\omega L R_1 - \dfrac{R_2}{\omega C}\right)$

この 2 つの式が等しいことが、交流電圧源の角周波数 ω が変化しても電流 I が変化しない条件である．

$$\frac{R_1 + R_2}{R_1 R_2 + \frac{L}{C}} = \frac{\omega L - \frac{1}{\omega C}}{\omega L R_1 - \frac{R_2}{\omega C}} \qquad \therefore \quad R_1 = R_2 \tag{11.6.5}$$

式 (11.6.5) の $R_1 = R_2$ の導出には、平衡条件 $\frac{L}{C} = R_1 \cdot R_2$ を用いている．

$\dfrac{R_1 + R_2}{2R_1 R_2} = \dfrac{\omega L - \frac{1}{\omega C}}{\omega L R_1 - \frac{R_2}{\omega C}}$

$$\therefore \quad \frac{L}{C} = R_1 \cdot R_2 = R_1^2 \tag{11.6.6}$$

【演習 11.7】

図 11.13 の回路で，$R = 1\,(\mathrm{M\Omega})$ である抵抗器の値が $\Delta R = 1\,(\mu\Omega)$ 増加した．そのときの電流の変化 ΔI を補償の定理を用いて求めよ．

抵抗の単位 $\mathrm{M\Omega}$ は $10^6\,\Omega$ であり，$\mu\Omega$ は $10^{-6}\,\Omega$ を示す．

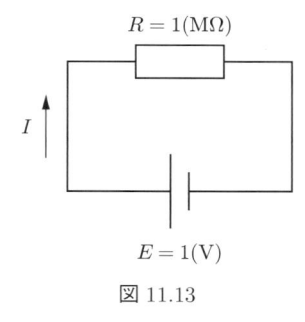

図 11.13

【演習解答】

(a) 元の回路に流れる電流を求める

抵抗値が増加する前に抵抗 R に流れていた電流 I は，以下である．

$$I = \frac{E}{R} = \frac{1}{1 \times 10^6} = 1 \times 10^{-6}\,(\mathrm{A}) \tag{11.7.1}$$

(b) 定電圧源を取り除き，補償電圧の定電圧源を挿入する

抵抗の増加 ΔR による電流の変化 ΔI を求めるために，図 11.13 の回路の定電圧源 E を除去する．また，増加した抵抗値 ΔR を回路に挿入する．さらに，定電圧源 $E_C = -\Delta R \cdot I$(補償電圧) を抵抗 $R, \Delta R$ に直列に挿入する (図 11.14)．

定電圧源 E_C(補償電圧) は，以下の値である．

$$\begin{aligned} E_C &= -\Delta R \cdot I = -1 \times 10^{-6} \cdot 1 \times 10^{-6} \\ &= -1 \times 10^{-12}\,(\mathrm{V}) \end{aligned} \tag{11.7.2}$$

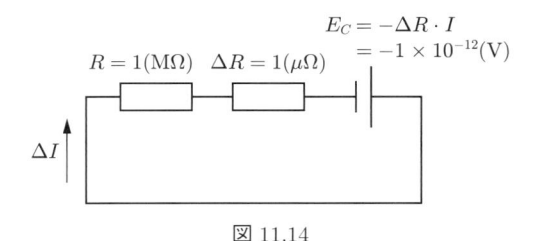

図 11.14

図 11.14 の回路を用いて，電流の変化 ΔI を求める．

$$\begin{aligned} \Delta I &= \frac{E_c}{R + \Delta R} = \frac{-1 \times 10^{-12}}{1 \times 10^6 + 1 \times 10^{-6}} \\ &= -1 \times 10^{-18}\,(\mathrm{A}) \end{aligned} \tag{11.7.3}$$

定電圧源の除去とは，短絡状態にすることである．

図 11.14 では，補償電圧の定電圧源 E_C は，元の電流 I を流す方向に挿入する．

挿入した定電圧源 E_C の向きは，抵抗 ΔR に電流 I が流れることで発生する電圧の向き (左が正，右が負) と逆方向である．そのため，補償電圧は負の値 $(-\Delta R \cdot I)$ とする．

電流変化 ΔI が負であることは，抵抗 R_3 の値が増加することで，回路に流れる電流が減少することを示している．

■別解 電流の変化 ΔI は以下の式で求めることも出来る．

$$\Delta I = \frac{E}{R + \Delta R} - \frac{E}{R}$$

抵抗 R に対してその変化 ΔR 小さい場合，一般的な電卓で以下の計算を行なうと $\frac{E}{R + \Delta R} = 1 \times 10^{-6}\,(\mathrm{A})$ となり，電流の変化は $\Delta I = 0\,(\mathrm{A})$ となる．このような場合には，補償の定理を用いることが有効である．

【演習 11.8】

図 11.15 の回路で，抵抗器 $R_3 = 10\,(\Omega)$ の値が $\Delta R_3 = 10\,(\Omega)$ 増加した．そのときの各抵抗に流れる電流の変化 $\Delta I_1, \Delta I_2, \Delta I_3$ を補償の定理を用いて求めよ．

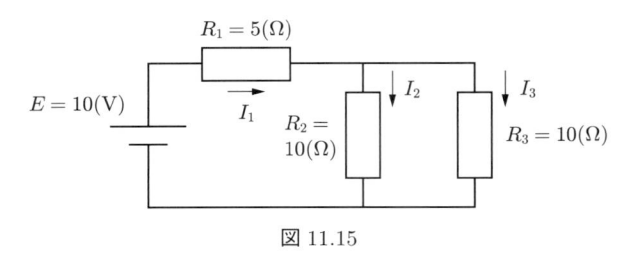

図 11.15

【演習解答】

(a) 元の回路に流れる電流を求める

抵抗 R_3 の値が増加する前に抵抗 R_3 に流れていた電流 I_3 は，以下である．

$$I_3 = \frac{R_2}{R_2 + R_3} \frac{E}{R_1 + \frac{R_2 R_3}{R_2 + R_3}} = \frac{10}{10 + 10} \frac{10}{5 + \frac{10 \cdot 10}{10 + 10}}$$

$$= 0.5\,(\mathrm{A}) \tag{11.8.1}$$

(b) 定電圧源を取り除き，補償電圧の定電圧源を挿入する

抵抗の増加 ΔR_3 による電流の変化を求めるために，図 11.15 の回路の定電圧源 E を除去する．また，増加した抵抗値 ΔR_3 を回路に挿入する．さらに，定電圧源 $E_C = -\Delta R \cdot I_3$(補償電圧) を抵抗 $R_3, \Delta R_3$ に直列に挿入する (図 11.16)．

定電圧源 E_c （補償電圧）は，以下の値である．

$$E_C = -\Delta R_3 \cdot I_3 = -10 \cdot 0.5$$

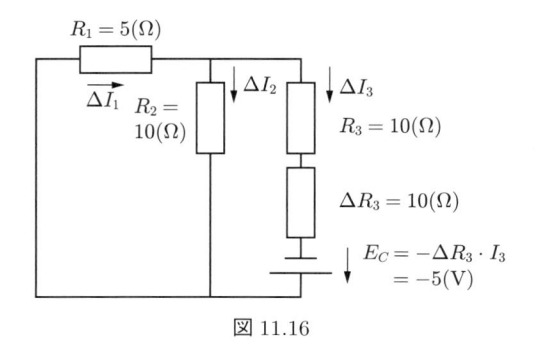

$$= -5\,(\mathrm{V}) \tag{11.8.2}$$

定電圧源の除去とは，短絡状態にすることである．

図 11.16 中の電流 $\Delta I_1, \Delta I_2, \Delta I_3$ の向きは，元の回路 (図 11.8) で各抵抗に流れる電流と同じ方向に設定する．

図 11.6 で，補償電圧の定電圧源 E_C は，元の電流 I を流す方向に挿入する．

挿入した定電圧源 E_C の向きは，電流 I_3 によって抵抗 ΔR_3 の両端に発生する電圧の向き (上が正，下が負) と逆方向である．そのため，補償電圧は負の値 $(-\Delta R_3 \cdot I)$ とする．

図 11.16

図 11.16 の回路を用いることで，各抵抗に流れる電流の変化 $\Delta I_1, \Delta I_2, \Delta I_3$ が求められる．

(c) 抵抗 R_1 に流れる電流の変化 ΔI_1 を求める

図 11.16 の回路で，抵抗 R_1 に流れる電流の変化 ΔI_1 の向きは，定電圧源（補償電圧）E_C の向きと等しい．そのため，電流変化 ΔI_1 は以下の式で求められる．

$$\Delta I_1 = \frac{R_2}{R_1 + R_2} \frac{E_C}{\frac{R_1 R_2}{R_1 + R_2} + (R_3 + \Delta R_3)}$$
$$= \frac{10}{5 + 10} \frac{-5}{\frac{5 \cdot 10}{5+10} + (10 + 10)}$$
$$= -0.143 \, (\text{A}) \tag{11.8.3}$$

図 11.16 の回路で，電流 ΔI_1 と定電圧源（補償電圧）E_C の矢印の向きは等しい．

電流の変化 ΔI_1 が負であることは，抵抗 R_3 の値が増加することで，抵抗 R_1 に流れる電流が減少することを示している．

(d) 抵抗 R_2 に流れる電流の変化 ΔI_2 を求める

抵抗 R_2 に流れる電流の変化 ΔI_2 の向きは，定電圧源（補償電圧）E_C の向きと逆である．そのため，電流変化 ΔI_2 は以下の式で求められる．

$$\Delta I_2 = -\frac{R_1}{R_1 + R_2} \frac{E_C}{\frac{R_1 R_2}{R_1 + R_2} + (R_3 + \Delta R_3)}$$
$$= -\frac{5}{5 + 10} \frac{-5}{\frac{5 \cdot 10}{5+10} + (10 + 10)}$$
$$= 0.071 \, (\text{A}) \tag{11.8.4}$$

図 11.16 の回路で，電流 ΔI_2 と定電圧源（補償電圧）E_C の矢印の向きは逆である．

電流変化 ΔI_2 が正であることは，抵抗 R_3 の値が増加することで，抵抗 R_2 に流れる電流が増加することを示している．

(e) 抵抗 R_3 に流れる電流の変化 ΔI_3 を求める

抵抗 R_3 に流れる電流の変化 ΔI_3 の向きは，定電圧源（補償電圧）E_C の向きと等しい．そのため，電流変化 ΔI_3 は以下の式で求められる．

$$\Delta I_3 = \frac{E_C}{\frac{R_1 R_2}{R_1 + R_2} + (R_3 + \Delta R_3)}$$
$$= \frac{-5}{\frac{5 \cdot 10}{5+10} + (10 + 10)}$$
$$= -0.214 \, (\text{A}) \tag{11.8.5}$$

図 11.16 の回路で，電流 ΔI_3 と定電圧源（補償電圧）E_C の矢印の向きは等しい．

電流変化 ΔI_3 が負であることは，抵抗 R_3 の値が増加することで，抵抗 R_3 に流れる電流が減少することを示している．

各抵抗を流れる電流の変化は，キルヒホッフの電流則が成り立つ．
$$\Delta I_1 - \Delta I_2 - \Delta I_3 = 0$$

図 11.17 の回路で，入力抵抗が r である検流計は以下のように表記した．

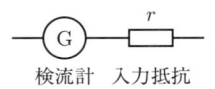

―(G)―／\/\／―
検流計　入力抵抗

【演習 11.9】
　図 11.17 に示すブリッジ回路は，各抵抗 $R_1 \sim R_4$ が全て $10\,(\Omega)$ であるため平衡状態である．そのため，検流計 G には電流が流れていない．抵抗 R_3 が $10\,(\Omega)$ から $11\,(\Omega)$ に変化した場合に検流計に流れる電流 I_G を補償の定理を用いて求めよ．なお，検流計の入力抵抗は $r = 10\,(\Omega)$ である．

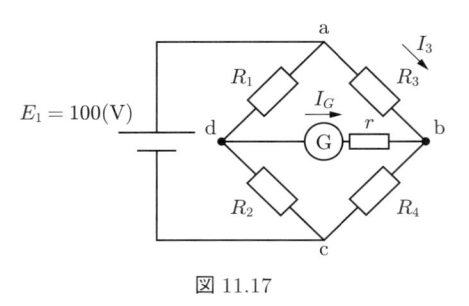

図 11.17

【演習解答】
　ブリッジ回路が平衡状態であるとき，抵抗 R_3 に流れる電流 I_3 は以下である．

$$I_3 = \frac{E}{R_3 + R_4} = \frac{100}{10+10} = 5\,(\text{A}) \tag{11.9.1}$$

　補償の定理を用いた回路解析で使用する回路は図 11.18 である．この回路には，抵抗 R_3 の変化 $\Delta R_3 = 1\,(\Omega)$ と補償電圧 E_C が描かれている．この回路で補償電圧 E_C は以下となる．

$$E_C = -\Delta R_3 \cdot I_3 = -1 \cdot 5 = -5\,(\text{V}) \tag{11.9.2}$$

図 11.18 の回路で閉路電流 I_A は，検流計に流れる電流 I_G と同じ向きに設定した．

閉路方程式および各閉路電流の値は以下となる．

閉回路 adba
$31I_A + 21I_B + 10I_C = 5$
閉回路 adcba
$21I_A + 41I_B + 20I_C = 5$
閉回路 adca
$10I_A + 20I_B + 20I_C = 0$

$I_A = 0.118\,(\text{A})$
$I_B = 0.176\,(\text{A})$
$I_C = -0.235\,(\text{A})$

抵抗 R_3 の値が変化した場合，そこに流れる電流 $I_3{}'$ は以下となる．

$I_3{}' = I_3 - I_A - I_B$
　　$= 4.706\,(\text{A})$

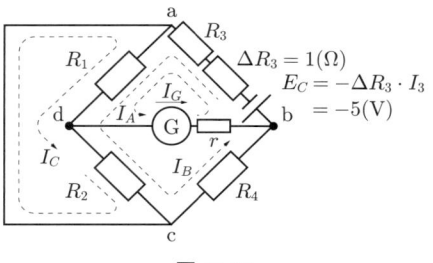

図 11.18

　図 11.18 のように閉路電流 I_A, I_B, I_C を設定し，各電流を求める．ブリッジ回路（図 11.10）の抵抗 R_3 の変化による検流計に流れる電流 I_G の変化は，閉路電流 I_A である．

$$I_G = I_A = 0.233\,(\text{A}) \tag{11.9.3}$$

第12章 二端子対回路

対になった端子を2つ持つ回路は，二端子対回路と呼ばれる．その回路に入力される電圧と電流，および出力される電圧と電流の関係は，行列を用いて表すことが出来る．

(a) Z パラメータ

二端子対回路の入力および出力端子で，それぞれの電圧と電流の関係をインピーダンスを用いて表すパラメータである．

$$\begin{pmatrix} V_1 \\ V_2 \end{pmatrix} = \begin{pmatrix} Z_{11} & Z_{12} \\ Z_{21} & Z_{22} \end{pmatrix} \begin{pmatrix} I_1 \\ I_2 \end{pmatrix} \quad (1)$$

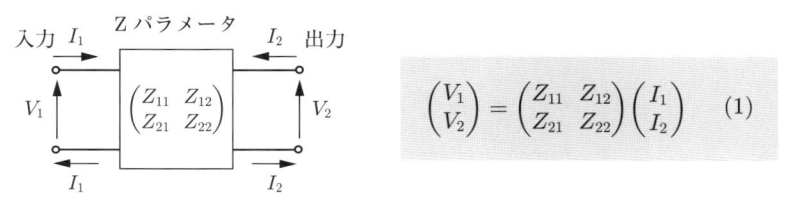

図 12.1　Z パラメータ

(b) Y パラメータ

二端子対回路の入力および出力端子で，それぞれの電流と電圧の関係をアドミッタンスを用いて表すパラメータである．

$$\begin{pmatrix} I_1 \\ I_2 \end{pmatrix} = \begin{pmatrix} Y_{11} & Y_{12} \\ Y_{21} & Y_{22} \end{pmatrix} \begin{pmatrix} V_1 \\ V_2 \end{pmatrix} \quad (2)$$

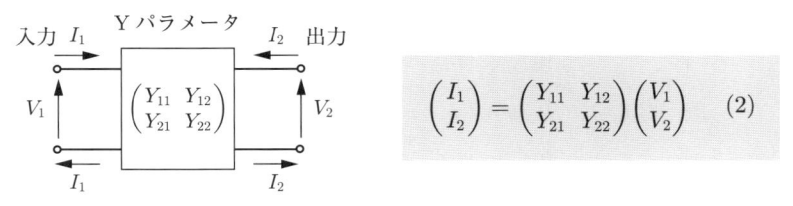

図 12.2　Y パラメータ

(c) F パラメータ

二端子対回路の入力側の電圧と電流を，出力側の電圧と電流で表すパラメータである．

$$\begin{pmatrix} V_1 \\ I_1 \end{pmatrix} = \begin{pmatrix} A & B \\ C & D \end{pmatrix} \begin{pmatrix} V_2 \\ I_2 \end{pmatrix} \quad (3)$$

図 12.3　F パラメータ

F パラメータでの電流の設定は，他のパラメータと方向が異なることに注意．

【演習 12.1】

図 12.4 に示す回路の Z パラメータを,閉路方程式を用いて求めよ.

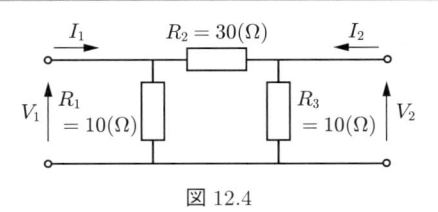

図 12.4

【演習解答】

(a) 閉路方程式を立てる

図 12.5 に示すように,二端子対回路の両端子に電圧 V_1, V_2 の電圧源を接続し,それぞれの閉回路に電流 I_1, I_2, I_3 を設定する.

> 閉路電流 I_1, I_2 は,二端子対回路の入力電流 I_1,および出力電流 I_2 と同じ向きに設定する.

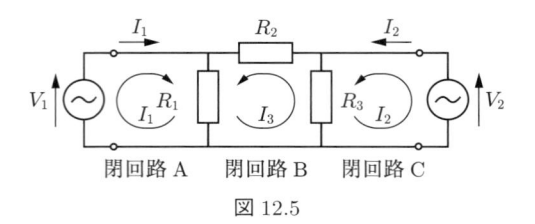

図 12.5

図 12.5 の閉回路 A, B, C には,以下の閉路方程式が成り立つ.

閉回路 A: $\quad R_1(I_1 + I_3) = V_1$

$$10I_1 + 10I_3 = V_1 \tag{12.1.1}$$

閉回路 B: $\quad R_1(I_3 + I_1) + R_3(I_3 - I_2) + R_2 I_3 = 0$

$$10I_1 - 10I_2 + 50I_3 = 0 \tag{12.1.2}$$

閉回路 C: $\quad R_3(I_2 - I_3) = V_2$

$$10I_2 - 10I_3 = V_2 \tag{12.1.3}$$

(b) 閉路方程式を Z パラメータに変換する

式 (12.1.1)〜(12.1.3) から,閉回路 A, C の閉路方程式を,電圧 V_1, V_2 と電流 I_1, I_2 のみで表すと以下になる.

> 式 (12.1.2) を以下のように I_3 の式に変形し,それを式 (12.1.1), (12.1.3) に代入することで,式 (12.1.4), (12.1.5) が導かれる.
> $$I_3 = -\frac{1}{5}I_1 + \frac{1}{5}I_2$$

閉回路 A: $\quad 10I_1 + 10\left(-\dfrac{1}{5}I_1 + \dfrac{1}{5}I_2\right) = V_1$

$$8I_1 + 2I_2 = V_1 \tag{12.1.4}$$

閉回路 C: $\quad 10I_2 - 10\left(-\dfrac{1}{5}I_1 + \dfrac{1}{5}I_2\right) = V_2$

$$2I_1 + 8I_2 = V_2 \tag{12.1.5}$$

式 (12.1.4), (12.1.5) を行列で表すと,以下の式になる.

$$\begin{pmatrix} V_1 \\ V_2 \end{pmatrix} = \begin{pmatrix} 8 & 2 \\ 2 & 8 \end{pmatrix} \begin{pmatrix} I_1 \\ I_2 \end{pmatrix} \quad (12.1.6)$$

式 (12.1.6) を Z パラメータの基本式と比較し，Z パラメータの各行列要素を求めると以下になる．

Z パラメータの基本式は以下である．

$$\begin{pmatrix} Z_{11} & Z_{12} \\ Z_{21} & Z_{22} \end{pmatrix} = \begin{pmatrix} 8 & 2 \\ 2 & 8 \end{pmatrix} \quad (12.1.7)$$

$$\begin{pmatrix} V_1 \\ V_2 \end{pmatrix} = \begin{pmatrix} Z_{11} & Z_{12} \\ Z_{21} & Z_{22} \end{pmatrix} \begin{pmatrix} I_1 \\ I_2 \end{pmatrix}$$

■**別解** 閉路方程式を用いずに Z パラメータを求めるためには，(c) 入力端子または (d) 出力端子を開放状態にし，反対側の端子に電圧を印加した場合の電圧と電流の関係を用いる．

(c) 入力端子を開放状態にした場合

入力端子を開放状態にした場合，入力電流は $I_1 = 0$ となる．そのときの Z パラメータは以下である．

入力端子を開放状態にし，出力端子に電圧 V_2 を印加した回路は，以下である．

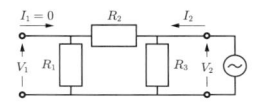

$$\begin{pmatrix} V_1 \\ V_2 \end{pmatrix} = \begin{pmatrix} Z_{11} & Z_{12} \\ Z_{21} & Z_{22} \end{pmatrix} \begin{pmatrix} 0 \\ I_2 \end{pmatrix} = \begin{pmatrix} Z_{12} I_2 \\ Z_{22} I_2 \end{pmatrix} \quad (12.1.8)$$

式 (12.1.8) から，Z パラメータの行列要素 Z_{12}, Z_{22} は，以下である．

$$Z_{12} = \frac{V_1}{I_2} = \frac{\frac{R_1}{R_1+R_2} \cdot \frac{R_3(R_2+R_1)}{R_3+(R_2+R_1)} I_2}{I_2} = \frac{R_1}{R_1+R_2} \cdot \frac{R_3(R_2+R_1)}{R_3+(R_2+R_1)}$$
$$= 2 \, (\Omega) \quad (12.1.9)$$

$$Z_{22} = \frac{V_2}{I_2} = \frac{\frac{R_3(R_2+R_1)}{R_3+(R_2+R_1)} I_2}{I_2} = \frac{R_3(R_2+R_1)}{R_3+(R_2+R_1)}$$
$$= 8 \, (\Omega) \quad (12.1.10)$$

(d) 出力端子を開放状態にした場合

出力端子を開放状態にした場合，出力電流は $I_2 = 0$ となる．そのときの Z パラメータは以下である．

出力端子を開放状態にし，入力端子に電圧 V_1 を印加した回路は，以下である．

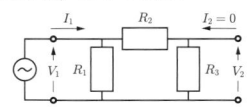

$$\begin{pmatrix} V_1 \\ V_2 \end{pmatrix} = \begin{pmatrix} Z_{11} & Z_{12} \\ Z_{21} & Z_{22} \end{pmatrix} \begin{pmatrix} I_1 \\ 0 \end{pmatrix} = \begin{pmatrix} Z_{11} I_1 \\ Z_{21} I_1 \end{pmatrix} \quad (12.1.11)$$

式 (12.1.11) から，Z パラメータの行列要素 Z_{11}, Z_{21} は，以下である．

$$Z_{11} = \frac{V_1}{I_1} = \frac{\frac{R_1(R_2+R_3)}{R_1+(R_2+R_3)} I_1}{I_1} = \frac{R_1(R_2+R_3)}{R_1+(R_2+R_3)}$$
$$= 8 \, (\Omega) \quad (12.1.12)$$

$$Z_{21} = \frac{V_2}{I_1} = \frac{\frac{R_3}{R_2+R_3} \cdot \frac{R_1(R_2+R_3)}{R_1+(R_2+R_3)} I_1}{I_1} = \frac{R_3}{R_2+R_3} \cdot \frac{R_1(R_2+R_3)}{R_1+(R_2+R_3)}$$
$$= 2 \, (\Omega) \quad (12.1.13)$$

電気回路で，2本の導線の接続状態と非接続状態は以下のように区別される．

接続状態

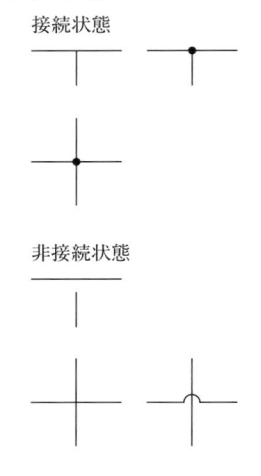

非接続状態

【演習 12.2】
図 12.6 に示す二端子対回路の Y パラメータを求めよ．

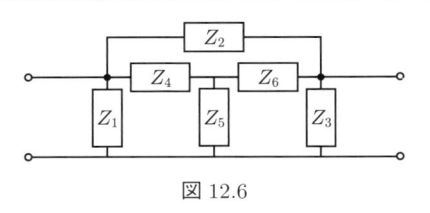

図 12.6

【演習解答】
図 12.6 の二端子対回路は，π 形回路と T 形回路の並列接続である (図 12.7)．

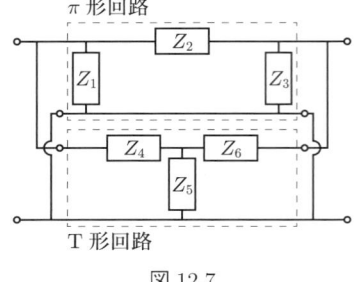

図 12.7

インピーダンス Z_1, Z_2, Z_3 で構成される π 形回路の Y パラメータは以下である．

$$Y_\pi = \begin{pmatrix} \frac{1}{Z_1} + \frac{1}{Z_2} & -\frac{1}{Z_2} \\ -\frac{1}{Z_2} & \frac{1}{Z_2} + \frac{1}{Z_3} \end{pmatrix} \tag{12.2.1}$$

インピーダンス Z_4, Z_5, Z_6 で構成される T 形回路の Y パラメータは以下である．

$$Y_T = \frac{1}{Z_4 Z_5 + Z_5 Z_6 + Z_6 Z_4} \begin{pmatrix} Z_5 + Z_6 & -Z_5 \\ -Z_5 & Z_4 + Z_5 \end{pmatrix} \tag{12.2.2}$$

図 12.6 の二端子対回路は π 形回路と T 形回路が並列接続されているため，その Y パラメータは π 形回路と T 形回路の Y パラメータの和となる．

$$\begin{aligned} Y_\pi &= Y_\pi + Y_T \\ &= \begin{pmatrix} \frac{1}{Z_1} + \frac{1}{Z_2} & -\frac{1}{Z_2} \\ -\frac{1}{Z_2} & \frac{1}{Z_2} + \frac{1}{Z_3} \end{pmatrix} + \frac{1}{Z_4 Z_5 + Z_5 Z_6 + Z_6 Z_4} \begin{pmatrix} Z_5 + Z_6 & -Z_5 \\ -Z_5 & Z_4 + Z_5 \end{pmatrix} \\ &= \begin{pmatrix} \frac{1}{Z_1} + \frac{1}{Z_2} + \frac{Z_5 + Z_6}{Z_4 Z_5 + Z_5 Z_6 + Z_6 Z_4} & -\frac{1}{Z_2} - \frac{Z_5}{Z_4 Z_5 + Z_5 Z_6 + Z_6 Z_4} \\ -\frac{1}{Z_2} - \frac{Z_5}{Z_4 Z_5 + Z_5 Z_6 + Z_6 Z_4} & \frac{1}{Z_2} + \frac{1}{Z_3} + \frac{Z_4 + Z_5}{Z_4 Z_5 + Z_5 Z_6 + Z_6 Z_4} \end{pmatrix} \end{aligned}$$

$$\tag{12.2.3}$$

Y パラメータの求め方は，「テキスト 電気回路」等の書籍を参照．

【演習 12.3】
図 12.8(a) に示す Z パラメータで表される二端子対回路を (b) に示す F パラメータに変換せよ．

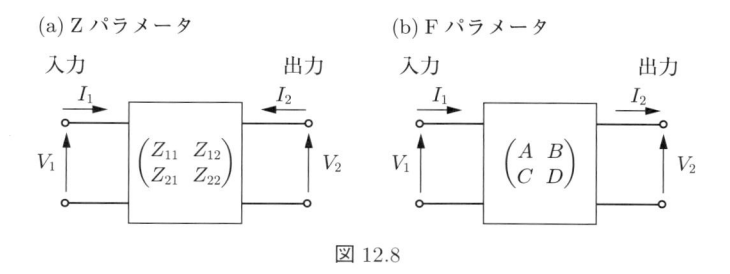

(a) Z パラメータ (b) F パラメータ

図 12.8

【演習解答】

F パラメータの出力電流 I_2 は，Z パラメータと向きが逆である．そのため，F パラメータの出力電流 I_2 の向きに合わせると，Z パラメータの基本式は以下となる．

$$\begin{pmatrix} V_1 \\ V_2 \end{pmatrix} = \begin{pmatrix} Z_{11} & Z_{12} \\ Z_{21} & Z_{22} \end{pmatrix} \begin{pmatrix} I_1 \\ -I_2 \end{pmatrix} \tag{12.3.1}$$

式 (12.3.1) から，入力電圧 V_1 および電流 I_1 を，出力電圧 V_2 と電流 I_2 で表すと以下になる．

$$V_1 = \frac{Z_{11}}{Z_{21}} V_2 + \frac{Z_{11} Z_{22} - Z_{12} Z_{21}}{Z_{21}} I_2 \tag{12.3.4}$$

$$I_1 = \frac{1}{Z_{21}} V_2 + \frac{Z_{22}}{Z_{21}} I_2 \tag{12.3.5}$$

この連立方程式を行列を用いて表すと以下となる．

$$\begin{pmatrix} V_1 \\ I_1 \end{pmatrix} = \begin{pmatrix} \frac{Z_{11}}{Z_{21}} & \frac{Z_{11}Z_{22} - Z_{12}Z_{21}}{Z_{21}} \\ \frac{1}{Z_{21}} & \frac{Z_{22}}{Z_{21}} \end{pmatrix} \begin{pmatrix} V_2 \\ I_2 \end{pmatrix} \tag{12.3.6}$$

以上から，F パラメータは以下となる．

$$\begin{pmatrix} A & B \\ C & D \end{pmatrix} = \begin{pmatrix} \frac{Z_{11}}{Z_{21}} & \frac{Z_{11}Z_{22} - Z_{12}Z_{21}}{Z_{21}} \\ \frac{1}{Z_{21}} & \frac{Z_{22}}{Z_{21}} \end{pmatrix} \tag{12.3.7}$$

F パラメータの基本式は以下である．

$$\begin{pmatrix} V_1 \\ I_1 \end{pmatrix} = \begin{pmatrix} A & B \\ C & D \end{pmatrix} \begin{pmatrix} V_2 \\ I_2 \end{pmatrix}$$

式 (12.3.1) の行列を連立方程式で表すと以下となる．

$$V_1 = Z_{11} I_1 - Z_{12} I_2 \tag{12.3.2}$$

$$V_2 = Z_{21} I_1 - Z_{22} I_2 \tag{12.3.3}$$

式 (12.3.3) から入力電流 I_1 （式 (12.3.5)）が導かれる．式 (12.3.5) を式 (12.3.2) に代入することで，入力電圧 V_1 （式 (12.3.4)）が導かれる．

【演習 12.4】

図 12.9(a) に示す T 形二端子対回路の F パラメータを求めよ．さらに，その F パラメータと等しくなるように π 形二端子対回路 (図 12.9(b)) の各抵抗 $R_{\pi 1}, R_{\pi 2}, R_{\pi 3}$ を求めよ

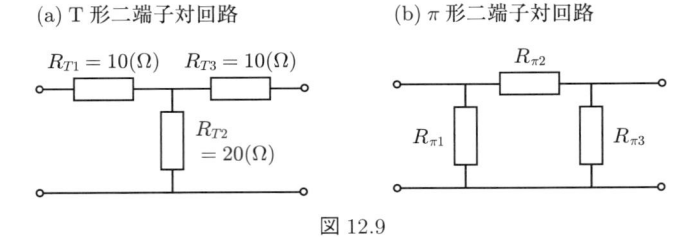

(a) T 形二端子対回路

(b) π 形二端子対回路

図 12.9

【演習解答】

(a) T 形二端子対回路の F パラメータを求める

図 12.9(a) の T 形二端子対回路の F パラメータは，各抵抗 R_{T1}, R_{T2}, R_{T3} の縦続接続から，以下となる．

$$\begin{pmatrix} A & B \\ C & D \end{pmatrix} = \begin{pmatrix} 1 & R_{T1} \\ 0 & 1 \end{pmatrix} \begin{pmatrix} 1 & 0 \\ \frac{1}{R_{T2}} & 1 \end{pmatrix} \begin{pmatrix} 1 & R_{T3} \\ 0 & 1 \end{pmatrix}$$
$$= \begin{pmatrix} 1.5 & 25 \\ 0.05 & 1.5 \end{pmatrix} \tag{12.4.1}$$

(b) π 形二端子対回路の F パラメータを求める

図 12.9(b) の π 形二端子対回路の F パラメータは，以下となる．

$$\begin{pmatrix} A & B \\ C & D \end{pmatrix} = \begin{pmatrix} 1 & 0 \\ \frac{1}{R_{\pi 1}} & 1 \end{pmatrix} \begin{pmatrix} 1 & R_{\pi 2} \\ 0 & 1 \end{pmatrix} \begin{pmatrix} 1 & 0 \\ \frac{1}{R_{\pi 3}} & 1 \end{pmatrix}$$
$$= \begin{pmatrix} 1 + \frac{R_{\pi 2}}{R_{\pi 3}} & R_{\pi 2} \\ \frac{R_{\pi 1} + R_{\pi 2} + R_{\pi 3}}{R_{\pi 1} R_{\pi 3}} & \frac{R_{\pi 2}}{R_{\pi 1}} + 1 \end{pmatrix} \tag{12.4.2}$$

(c) π 形二端子対回路の抵抗値を求める

π 形二端子対回路の F パラメータ（式 (12.4.2)）が，T 形二端子対回路の F パラメータ（式 (12.4.1)）と同じになるように，各抵抗 $R_{\pi 1}, R_{\pi 2}, R_{\pi 3}$ を決定する．

$$\begin{pmatrix} A & B \\ C & D \end{pmatrix} = \begin{pmatrix} 1 + \frac{R_{\pi 2}}{R_{\pi 3}} & R_{\pi 2} \\ \frac{R_{\pi 1} + R_{\pi 2} + R_{\pi 3}}{R_{\pi 1} R_{\pi 3}} & \frac{R_{\pi 2}}{R_{\pi 1}} + 1 \end{pmatrix} = \begin{pmatrix} 1.5 & 25 \\ 0.05 & 1.5 \end{pmatrix} \tag{12.4.3}$$

各抵抗の値は，式 (12.4.3) を以下の連立方程式に変換することで求める．

$1 + \dfrac{R_{\pi 2}}{R_{\pi 3}} = 1.5$

$R_{\pi 2} = 25$

$\dfrac{R_{\pi 1} + R_{\pi 2} + R_{\pi 3}}{R_{\pi 1} R_{\pi 3}} = 0.05$

$\dfrac{R_{\pi 2}}{R_{\pi 1}} + 1 = 1.5$

式 (12.4.3) から，π 形二端子対回路の各抵抗は，以下となる．

$$R_{\pi 1} = 50 \,(\Omega) \quad R_{\pi 2} = 25 \,(\Omega) \quad R_{\pi 3} = 50 \,(\Omega) \tag{12.4.4}$$

【演習 12.5】

図 12.10(a) に示す二端子対回路で，端子 a-a' を入力とし，端子 b-b' を出力とした場合，この回路の F パラメータは式 (12.5.1) である．この二端子対回路を，端子 b-b' を入力とし，端子 a-a' を出力とした場合（図 12.10(b)）の F パラメータを求めよ．

(a) 元の回路の F パラメータ

$$\begin{pmatrix} V_1 \\ I_1 \end{pmatrix} = \begin{pmatrix} A & B \\ C & D \end{pmatrix} \begin{pmatrix} V_2 \\ I_2 \end{pmatrix} \tag{12.5.1}$$

本問題では，二端子対回路の入力と出力を逆にした場合の F パラメータを求めている．

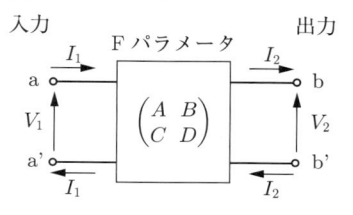

(a) 元の二端子対回路　　(b) 入出力端子の入れ替え後

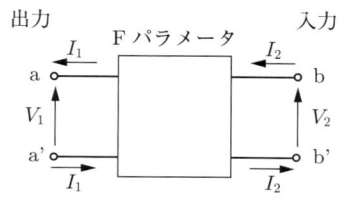

図 12.10

【演習解答】

元の二端子対回路 (a) で，V_2, I_2 を V_1, I_1 で表すと，式 (12.5.1) から以下となる．

$$\begin{pmatrix} V_2 \\ I_2 \end{pmatrix} = \begin{pmatrix} A & B \\ C & D \end{pmatrix}^{-1} \begin{pmatrix} V_1 \\ I_1 \end{pmatrix} = \frac{1}{|F|} \begin{pmatrix} D & -B \\ -C & A \end{pmatrix} \begin{pmatrix} V_1 \\ I_1 \end{pmatrix} \tag{12.5.2}$$

なお，$|F|$ は F パラメータの行列式（$|F| = AD - BC$）である．

入出力端子を入れ替え後の回路 (b) では元の回路 (a) と電流の向きが逆に設定されている．そのため，式 (12.5.2) を回路 (b) に適用すると以下となる．

$$\begin{pmatrix} V_2 \\ -I_2 \end{pmatrix} = \frac{1}{|F|} \begin{pmatrix} D & -B \\ -C & A \end{pmatrix} \begin{pmatrix} V_1 \\ -I_1 \end{pmatrix}$$

$$= \begin{pmatrix} \frac{D}{|F|} & \frac{-B}{|F|} \\ \frac{-C}{|F|} & \frac{A}{|F|} \end{pmatrix} \begin{pmatrix} V_1 \\ -I_1 \end{pmatrix} \tag{12.5.3}$$

式 (12.5.3) で電流 $-I_1, -I_1$ の符号を正にすると以下となる．

$$\begin{pmatrix} V_2 \\ I_2 \end{pmatrix} = \begin{pmatrix} \frac{D}{|F|} & \frac{B}{|F|} \\ \frac{C}{|F|} & \frac{A}{|F|} \end{pmatrix} \begin{pmatrix} V_1 \\ I_1 \end{pmatrix} \tag{12.5.4}$$

式 (12.5.3) を連立方程式に変換すると以下となる．

$$V_2 = \frac{D}{|F|} V_1 + \frac{-B}{|F|}(-I_1)$$

$$-I_2 = \frac{-C}{|F|} V_1 + \frac{A}{|F|}(-I_1)$$

電流 I_1, I_2 の符号を正にすると以下となる．

$$V_2 = \frac{D}{|F|} V_1 + \frac{B}{|F|} I_1$$

$$I_2 = \frac{C}{|F|} V_1 + \frac{A}{|F|} I_1$$

この連立方程式を行列に変換すると式 (12.5.4) が導かれる．

図 12.11 に示す回路は，送電線（伝送線路）などを伝わる電圧，電流の解析に用いられる一般的なモデルと同じである．ただし，本回路では抵抗 R_2，およびコンデンサ C の合成インピーダンス Z_2 を用いている．

一般的な伝送線路モデルでは抵抗 R_2，およびコンデンサ C の合成アドミッタンス Y を用いる．

【演習 12.6】

図 12.11 に示す回路（伝送線路）の出力端子 (2-2') が開放状態であるとき，その端子間で電圧 $V_2 = 100\,(\mathrm{V})$ を得るために必要な入力電圧 V_1 を求めよ．また，そのときの入力電流 I_1 も求めよ．

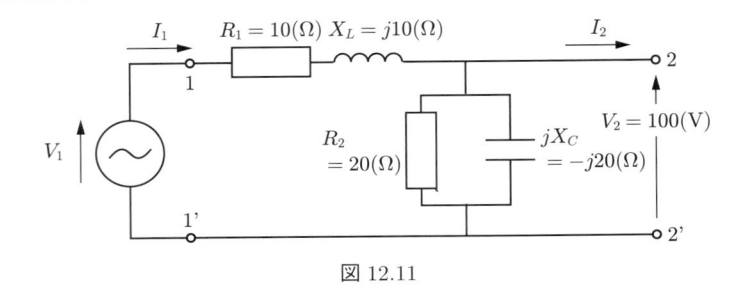

図 12.11

【演習解答】

(a) F パラメータを求める

抵抗 R_1 とコイルのリアクタンス jX_L の合成インピーダンスを Z_1，抵抗 R_2 とコンデンサのリアクタンス jX_C の合成インピーダンスを Z_2 とすると，それぞれは以下となる．

$$Z_1 = R_1 + jX_L = 10 + j10\,(\Omega)$$
$$Z_2 = \frac{R_1 \cdot jX_C}{R_1 + jX_C} = \frac{20 \cdot -j20}{20 - j20} = 10 - j10\,(\Omega) \tag{12.6.1}$$

Z_1, Z_2 を用いて，回路の F パラメータを求める．

$$F = \begin{pmatrix} 1 & Z_1 \\ 0 & 1 \end{pmatrix} \begin{pmatrix} 1 & 0 \\ \frac{1}{Z_2} & 1 \end{pmatrix} = \begin{pmatrix} 1+j & 10+j10 \\ \frac{1}{10-j10} & 1 \end{pmatrix} \tag{12.6.2}$$

(b) 入力電圧，電流を求める

回路中には，抵抗 R_2 とコンデンサのリアクタンス jX_C が存在するため，出力端子が開放状態でも，入力電流は $I_1 = 0$ にならない．

出力端子 (2-2') が開放状態であるため，出力電流は $I_2 = 0$ である．出力電圧 $V_2 = 100\,(\mathrm{V})$ を得るために必要な入力電圧 V_1 および入力電流 I_1 は，F パラメータの基本式（式 (12.6.3)）に出力電圧，出力電流を入力して求める．

$$\begin{pmatrix} V_1 \\ I_1 \end{pmatrix} = \begin{pmatrix} 1+j & 10+j10 \\ \frac{1}{10-j10} & 1 \end{pmatrix} \begin{pmatrix} V_2 \\ I_2 \end{pmatrix} \tag{12.6.3}$$

$$= \begin{pmatrix} 1+j & 10+j10 \\ \frac{1}{10-j10} & 1 \end{pmatrix} \begin{pmatrix} 100 \\ 0 \end{pmatrix}$$

$$= \begin{pmatrix} 100+j100 \\ 5+j5 \end{pmatrix} = \begin{pmatrix} 141\angle 45° \\ 7.07\angle 45° \end{pmatrix} \tag{12.6.4}$$

$$\therefore\ V_1 = 141\angle 45°\,(\mathrm{V}) \qquad I_1 = 7.07\angle 45°\,(\mathrm{A}) \tag{12.6.5}$$

【演習 12.7】

影像インピーダンスが Z_{01}, Z_{02}, および Z_{02}, Z_{03} である 2 つの二端子対回路を縦続接続した（図 12.12）．それぞれの二端子対回路の伝達定数は θ_A, および θ_B である．縦続接続回路の電圧の伝達定数 $e^{\theta_1} = \frac{V_1}{V_3}$ を求めよ．

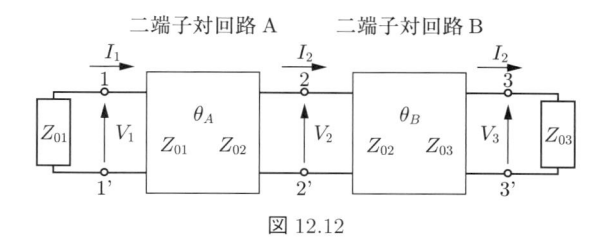

図 12.12

【演習解答】

二端子対回路 A で電圧の伝達定数 $e^{\theta_{1A}}$ および電流の伝達定数 $e^{\theta_{2A}}$ は，入力側の電圧と電流をそれぞれ V_1, I_1，出力側のそれらを V_2, I_2 としたとき，以下で定義される．

$$e^{\theta_{1A}} = \frac{V_1}{V_2} \qquad e^{\theta_{2A}} = \frac{I_1}{I_2} \tag{12.7.1}$$

設問で与えられている二端子対回路 A の伝達定数 θ_A は，電圧と電流の伝達定数 $e^{\theta_{1A}}, e^{\theta_{2A}}$ の算術平均である．

$$e^{\theta_A} = e^{\frac{\theta_{1A}+\theta_{2A}}{2}} \tag{12.7.2}$$

式 (12.7.1) および (12.7.2) から，二端子対回路 A での伝達定数 θ_A を影像インピーダンス Z_{01}, Z_{02} で表すと以下となる．

$$e^{\theta_A} = e^{\frac{\theta_{1A}+\theta_{2A}}{2}} = \sqrt{\frac{V_1}{V_2}\frac{I_1}{I_2}} = \sqrt{\frac{\frac{V_1^2}{Z_{01}}}{\frac{V_2^2}{Z_{02}}}} = \sqrt{\frac{Z_{02}}{Z_{01}}}\frac{V_1}{V_2} \tag{12.7.3}$$

二端子対回路 A での入力と出力の電圧の比 $\frac{V_1}{V_2}$ は，式 (12.7.3) から以下となる．

$$\frac{V_1}{V_2} = \sqrt{\frac{Z_{01}}{Z_{02}}}e^{\theta_A} \tag{12.7.4}$$

同様に，二端子対回路 B での入力と出力の電圧の比 $\frac{V_2}{V_3}$ は以下となる．

$$\frac{V_2}{V_3} = \sqrt{\frac{Z_{02}}{Z_{03}}}e^{\theta_B} \tag{12.7.5}$$

式 (12.7.4) と (12.7.5) の左右両辺の積を求めることで，図 12.12 の縦続接続回路の電圧の伝達定数 $e^{\theta_1} = \frac{V_1}{V_3}$ が求められる．

$$e^{\theta_1} = \frac{V_1}{V_3} = \sqrt{\frac{Z_{01}}{Z_{02}}}e^{\theta_A}\sqrt{\frac{Z_{02}}{Z_{03}}}e^{\theta_B} = \sqrt{\frac{Z_{01}}{Z_{03}}}e^{\theta_A+\theta_B} \tag{12.7.6}$$

電圧と電流および影像インピーダンスには，以下の関係がある．

$$I_1 = \frac{V_1}{Z_{01}}$$

$$I_2 = \frac{V_2}{Z_{02}}$$

二端子対回路 A での入力と出力の電流の比 $\frac{I_1}{I_2}$ は，以下である．

$$\frac{I_1}{I_2} = \sqrt{\frac{Z_{02}}{Z_{01}}}e^{\theta_A}$$

図 12.12 の縦続接続回路の電流の伝達定数 e^{θ_2} は，以下である．

$$e^{\theta_2} = \frac{I_1}{I_3}$$

$$= \sqrt{\frac{Z_{03}}{Z_{01}}}e^{\theta_A+\theta_B}$$

影像インピーダンス，伝達定数は，影像パラメータと呼ばれる．

【演習 12.8】
図 12.13 に示す影像インピーダンスが Z_{01}, Z_{02} であり，伝達定数が θ である二端子対回路を F パラメータを用いて表せ．ただし，この二端子対回路は，相反の定理が成り立つとする．

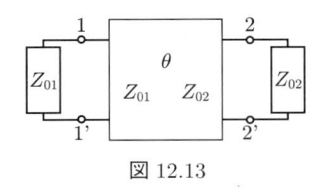

図 12.13

【演習解答】

影像インピーダンス，伝達定数と F パラメータの各行列要素の関係は，「テキスト 電気回路」等の書籍を参照．

影像インピーダンス Z_{01}, Z_{02}，および伝達定数 θ と F パラメータの各行列要素 A, B, C, D の関係は以下である．

$$Z_{01}Z_{02} = \frac{B}{C} \tag{12.8.1}$$

$$\frac{Z_{01}}{Z_{02}} = \frac{A}{D} \tag{12.8.2}$$

$$e^{\theta} = \sqrt{AD} + \sqrt{BC} \tag{12.8.3}$$

相反の定理が成り立つため F パラメータの行列要素には $AD - BC = 1$ の関係がある．

伝達定数 θ を双曲線関数 $(\sinh\theta, \cosh\theta)$ に代入すると以下となる．

$$\begin{aligned}
\sinh\theta &= \frac{e^{\theta} - e^{-\theta}}{2} = \frac{1}{2}\left(\sqrt{AD} + \sqrt{BC} - \frac{1}{\sqrt{AD} + \sqrt{BC}}\right) \\
&= \frac{1}{2}\left(\sqrt{AD} + \sqrt{BC} - \frac{\sqrt{AD} - \sqrt{BC}}{AD - BC}\right) \\
&= \frac{1}{2}\left(\sqrt{AD} + \sqrt{BC} - \sqrt{AD} + \sqrt{BC}\right) \\
&= \sqrt{BC} \tag{12.8.4}
\end{aligned}$$

F パラメータの行列要素は以下のように求められる．
式 (12.8.2) は以下の形に変形できる．

$$\sqrt{D} = \sqrt{A}\sqrt{\frac{Z_{02}}{Z_{01}}}$$

この式を式 (12.8.5) に代入し，A について整理すると式 (12.8.6) となる．同様に B, C, D も求められる．
式 (12.8.6) を用いることで，F パラメータの行列要素を求めることができ，入出力の電圧と電流の関係も求められる．

$$\begin{aligned}
\cosh\theta &= \frac{e^{\theta} + e^{-\theta}}{2} = \frac{1}{2}\left(\sqrt{AD} + \sqrt{BC} + \frac{1}{\sqrt{AD} + \sqrt{BC}}\right) \\
&= \frac{1}{2}\left(\sqrt{AD} + \sqrt{BC} + \frac{\sqrt{AD} - \sqrt{BC}}{AD - BC}\right) \\
&= \frac{1}{2}\left(\sqrt{AD} + \sqrt{BC} + \sqrt{AD} - \sqrt{BC}\right) \\
&= \sqrt{AD} \tag{12.8.5}
\end{aligned}$$

F パラメータの各行列要素 A, B, C, D は，式 (12.8.1), (12.8.2)，および式 (12.8.4), (12.8.5) から，以下となる．

$$A = \sqrt{\frac{Z_{01}}{Z_{02}}}\cosh\theta \qquad B = \sqrt{Z_{01}Z_{02}}\sinh\theta$$

$$C = \frac{1}{\sqrt{Z_{01}Z_{02}}}\sinh\theta \qquad D = \sqrt{\frac{Z_{02}}{Z_{01}}}\cosh\theta \tag{12.8.6}$$

第13章 分布定数回路

長距離送電線路などの解析では，図 13.1 に示す抵抗 $R\,(\Omega/\mathrm{m})$，コイル $L\,(\mathrm{H/m})$，コンダクタンス $G\,(\mathrm{S/m})$，コンデンサ $F\,(\mathrm{F/m})$ が線路上に分布しているモデルを用いる．このようなモデルは，分布定数回路と呼ばれる．

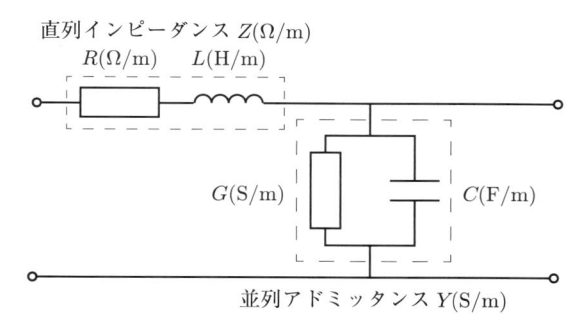

図 13.1 分布定数回路モデル

分布定数回路では，以下の直列インピーダンス Z と並列アドミッタンス Y を定義し，その伝送線路の特性を解析する．

直列インピーダンスと並列アドミッタンス

$$\text{直列インピーダンス}\quad Z = R + j\omega L\ (\Omega/\mathrm{m}) \tag{1}$$

$$\text{並列アドミッタンス}\quad Y = G + j\omega C\ (\mathrm{S/m}) \tag{2}$$

原点から距離 x 離れた地点での電圧 V，電流 I には，以下の関係がある．

分布数回路の基礎方程式

$$\frac{d^2 V}{dx^2} = ZYV \qquad \frac{d^2 I}{dx^2} = ZYI \tag{3}$$

式 (3) の基礎方程式を解くことで，地点 x での電圧 V，および電流 I を求めることが出来る．式 (4) で A は積分定数であり，地点 $x = 0$ での電圧 E によって決定される．

距離と電圧および電流の関係

$$V = A e^{-\sqrt{ZY}\,x} \qquad I = \sqrt{\frac{Y}{Z}}\, A e^{-\sqrt{ZY}\,x} \tag{4}$$

式 (4) から特性インピーダンス Z_0 と伝搬定数 γ が定義される．

特性インピーダンスと伝搬定数

$$Z_0 = \sqrt{\frac{Z}{Y}} \qquad \gamma = \sqrt{ZY} \tag{5}$$

第13章 分布定数回路

【演習 13.1】
図 13.2 の分布定数回路モデルで表される無限長伝送線路がある.この伝送線路の地点 $x=0$ に瞬時電圧 $e(t)=141\sin\omega t$ の交流電圧源を接続した.この回路で,地点 $x=1000\,\text{(km)}$ での線間電圧の瞬時値 $v_{1000}(t)$ を求めよ.なお,交流電圧源の周波数は $f=50\,\text{(Hz)}$ とする.

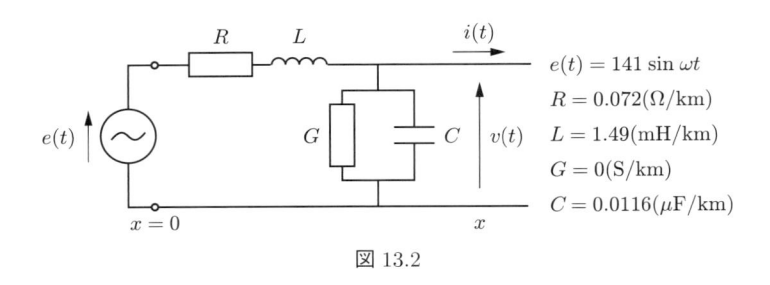

図 13.2

$e(t) = 141\sin\omega t$
$R = 0.072\,(\Omega/\text{km})$
$L = 1.49\,(\text{mH/km})$
$G = 0\,(\text{S/km})$
$C = 0.0116\,(\mu\text{F/km})$

【演習解答】

(a) 特性インピーダンス,伝搬定数を求める

図 13.2 の分布定数回路で,直列インピーダンス Y,並列アドミタンス Y,特性インピーダンス Z_0 および伝搬定数 γ はそれぞれ以下である.

$$Z = 0.072 + j0.468 = 0.474\angle 1.42\,(\Omega/\text{km}) \tag{13.1.1}$$

$$Y = j3.64\times 10^{-6} = 3.64\times 10^{-6}\angle 1.57\,(\text{S/km}) \tag{13.1.2}$$

$$Z_0 = 361\angle -0.075\,(\Omega) \tag{13.1.3}$$

$$\gamma = 1.31\times 10^{-3}\angle 1.50 = 9.27\times 10^{-5} + j1.31\times 10^{-3} \tag{13.1.4}$$

(b) 交流電圧源の瞬時電圧を複素電圧に変換する

交流電圧源の瞬時電圧 $e(t)$ を複素電圧 E に変換すると以下になる.

$$E = \frac{E_m}{\sqrt{2}} = \frac{141}{\sqrt{2}} = 100\,(\text{V}) \tag{13.1.5}$$

(c) 地点 x での複素電圧を求める

伝搬定数 γ と複素電圧 E を用いて,地点 x での線間電圧 V を求める.

$$\begin{aligned}V &= Ee^{-\gamma x} = 100 e^{-(9.27\times 10^{-5} + j1.31\times 10^{-3})x}\\ &= 100 e^{-9.27\times 10^{-5} x}\cdot e^{-j1.31\times 10^{-3} x}\\ &= 100 e^{-9.27\times 10^{-5} x}\angle -1.31\times 10^{-3} x\,(\text{V})\end{aligned} \tag{13.1.6}$$

(d) 複素線間電圧を瞬時値に変換する

複素で表した線間電圧 V を瞬時値 $v(t)$ に変換すると以下となる.

$$\begin{aligned}v(t) &= 100\sqrt{2}\, e^{-9.27\times 10^{-5} x}\sin\left(\omega t - 1.31\times 10^{-3} x\right)\\ &= 141\, e^{-9.27\times 10^{-5} x}\sin\left(\omega t - 1.31\times 10^{-3} x\right)\,(\text{V})\end{aligned} \tag{13.1.7}$$

本演習の解答で用いている偏角は,すべて弧度法 (rad) で表記している.

式 (13.1.3),(13.1.4) の計算には,以下の公式を用いる.

$$\sqrt{a\angle\theta} = \sqrt{a}\angle\left(\frac{\theta}{2}\right)$$

一般的に複素電圧は実効値で示されることから,式 (13.1.5) では瞬時電圧の最大値を $\sqrt{2}$ で割っている.

式 (13.1.6) は,地点 x での線間電圧 V は,交流電圧源 E に比べて,電圧が $e^{9.27\times 10^{-5} x}$ 分の 1 に減少し,位相が $1.31\times 10^{-3} x$ 遅れることを示している.また,電圧の減少および位相の遅れは地点によって異なること (x の関数) を示している.

複素電圧は実効値を用いている.一方,瞬時値は最大値を用いる.そのため,式 (13.1.7) は $\sqrt{2}$ 倍している.

地点 $x = 1000\,(\mathrm{km})$ での線間電圧の瞬時値 $v_{1000}(t)$ は，式 (13.1.7) に $x = 1000$ を代入することで求められる．

$$v_{1000}(t) = 141 e^{-9.27 \times 10^{-5} \cdot 1000} \sin\left(\omega t - 1.31 \times 10^{-3} \cdot 1000\right)$$
$$= 129 \sin\left(\omega t - 1.31\right)\,(\mathrm{V}) \qquad (13.1.8)$$

式 (13.1.8) は，図 13.2 の線路を電流が $x = 1000\,(\mathrm{km})$ の距離を流れることで，線間電圧の最大値が 129 (V) に減少し，位相が 1.31 (rad) 遅れることを示している．

■補足説明 交流電圧源の瞬時値 $e(t)$ と地点 x での線間電圧の瞬時値 $v_{1000}(t)$ の関係は，図 13.3 となる．

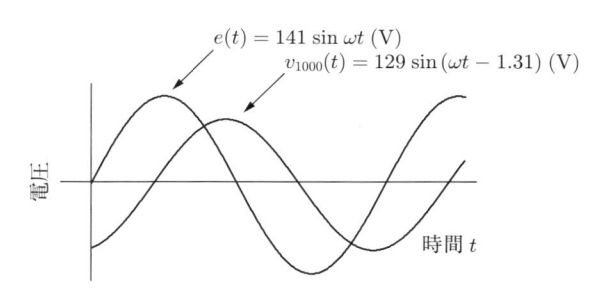

図 13.3 交流電源の瞬時電圧 $e(t)$ と地点 $x = 1000\,(\mathrm{km})$ での線間電圧の瞬時値 $v_{1000}(t)$

地点 x での線電流 I は，その地点での線間電圧 V と特性インピーダンス Z_0 から，以下となる．

$$I = \frac{V}{Z_0} = \frac{100 e^{-9.27 \times 10^{-5} x} \angle -1.31 \times 10^{-3} x}{361 \angle -0.075}$$
$$= 0.277 e^{-9.27 \times 10^{-5} x} \angle \left(-1.31 \times 10^{-3} x + 0.075\right)\,(\mathrm{A}) \quad (13.9)$$

この線電流 I を瞬時値 $i(t)$ で表すと以下となる．

$$i(t) = 0.392 e^{-9.27 \times 10^{-5} x} \sin\left(\omega t - 1.31 \times 10^{-3} x + 0.075\right)\,(\mathrm{A})$$
$$(13.10)$$

地点 $x = 1000\,(\mathrm{km})$ での線電流 $i_{1000}(t)$ は以下となり，線間電圧 $v_{1000}(t)$ との関係は，図 13.4 となる．

$$i_{1000}(t) = 0.357 \sin\left(\omega t - 1.24\right)\,(\mathrm{A}) \qquad (13.11)$$

特性インピーダンス Z_0 は地点 x に依らず一定の値であるため，線電流と線間電圧の関係も地点 x に依らない．全ての地点で，線電流は，線間電圧より，位相が 0.075 (rad) 進んでいる．

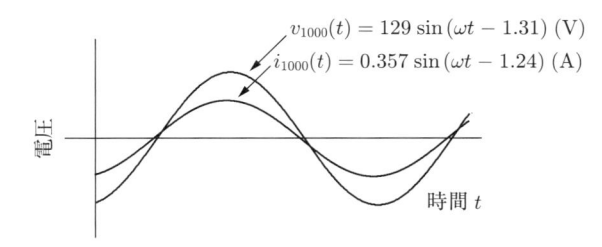

図 13.4 地点 $x = 1000\,(\mathrm{km})$ での線間電圧 $v_{1000}(t)$ と線電流 $i_{1000}(t)$

式 (13.2.1) で，γ は伝搬定数 $\gamma = \sqrt{ZY}$ であり，A, B は積分定数である．

式 (13.2.2) は，分布定数回路の基礎方程式から導かれる．
$$\frac{dV}{dx} = -ZI$$

双曲線関数は以下の式で定義される．

双曲線正弦関数
(ハイパボリックサイン)
$$\sinh \alpha = \frac{e^\alpha - e^{-\alpha}}{2}$$

双曲線余弦関数
(ハイパボリックコサイン)
$$\cosh \alpha = \frac{e^\alpha + e^{-\alpha}}{2}$$

式 (13.2.5) の積分定数 A', B' は以下である．
$$A' = A + B$$
$$B' = B - A$$

双曲線関数の微分は以下である．
$$\frac{d}{d\alpha} \sinh \alpha = \cosh \alpha$$
$$\frac{d}{d\alpha} \cosh \alpha = \sinh \alpha$$

【演習 13.2】
図 13.5 に示す分布定数回路モデルで，地点 x での電圧 V，および電流 I は，指数関数を用いて式 (13.2.1), (13.2.2) で表すことが出来る．これらの式を双曲線関数 $(\sinh \alpha, \cosh \alpha)$ を用いた式で表せ．
$$V = Ae^{-\gamma x} + Be^{+\gamma x} \tag{13.2.1}$$
$$I = -\frac{1}{Z}\frac{dV}{dx} \tag{13.2.2}$$

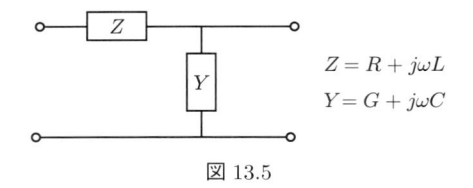

$Z = R + j\omega L$
$Y = G + j\omega C$

図 13.5

【演習解答】
(a) 双曲線関数と指数関数の関係を求める

双曲線関数と指数関数の間には，以下の関係が成り立つ．
$$\cosh \alpha + \sinh \alpha = \frac{e^\alpha + e^{-\alpha}}{2} + \frac{e^\alpha - e^{-\alpha}}{2} = e^\alpha \tag{13.2.3}$$
$$\cosh \alpha - \sinh \alpha = \frac{e^\alpha + e^{-\alpha}}{2} - \frac{e^\alpha - e^{-\alpha}}{2} = e^{-\alpha} \tag{13.2.4}$$

(b) 双曲線関数を用いた電圧の式を求める

指数関数を用いた地点 x での電圧の式 (13.2.1) に，式 (13.2.3), (13.2.4) を代入し，双曲線関数を用いた電圧の式を求める．
$$V = Ae^{-\gamma x} + Be^{+\gamma x}$$
$$= A(\cosh \gamma x - \sinh \gamma x) + B(\cosh \gamma x + \sinh \gamma x)$$
$$= (A + B)\cosh \gamma x + (B - A)\sinh \gamma x$$
$$= A' \cosh \gamma x + B' \sinh \gamma x \tag{13.2.5}$$

(c) 双曲線関数を用いた電流の式を求める

電圧と電流の関係 (式 (13.2.2)) から，地点 x での双曲線関数を用いた電流の式は，以下となる．
$$I = -\frac{1}{Z}\frac{dV}{dx} = -\frac{1}{Z}\frac{d}{dx}(A' \cosh \gamma x + B' \sinh \gamma x)$$
$$= -\frac{1}{Z}(\gamma A' \sinh \gamma x + \gamma B' \cosh \gamma x)$$
$$= -\frac{\gamma}{Z}(A' \sinh \gamma x + B' \cosh \gamma x)$$
$$= -\frac{\sqrt{ZY}}{Z}(A' \sinh \gamma x + B' \cosh \gamma x) \quad \because \gamma = \sqrt{ZY}$$
$$= -\sqrt{\frac{Y}{Z}}(B' \cosh \gamma x + A' \sinh \gamma x) \tag{13.2.6}$$

【演習 13.3】

図 13.6 に示す分布定数回路モデルで,抵抗およびコンダクタンスがそれぞれ $R = 0, G = 0$ であるとき,特性インピーダンス Z_0,減衰定数 α および位相速度 v を求めよ.

$R = 0, G = 0$ である分布定数回路は,無損失線路である.

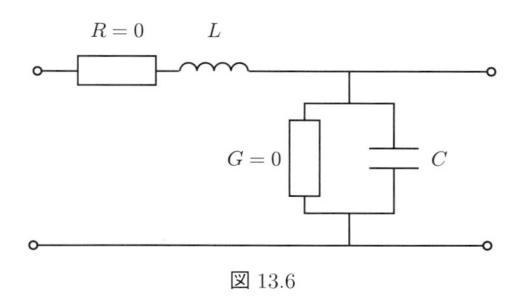

図 13.6

【演習解答】

(a) 直列インピーダンス,並列アドミッタンスを求める

直列インピーダンス Z,並列アドミッタンス Y は,各素子の値 $R = 0, L, G = 0, C$ から,以下となる.

$$Z = R + j\omega L = j\omega L \tag{13.3.1}$$

$$Y = G + j\omega C = j\omega C \tag{13.3.2}$$

(b) 特性インピーダンス,伝搬定数および減衰定数を求める

特性インピーダンス Z_0,伝搬定数 γ は,直列インピーダンス Z,並列アドミッタンス Y から,以下となる.

$$Z_0 = \sqrt{\frac{Z}{Y}} = \sqrt{\frac{j\omega L}{j\omega C}} = \sqrt{\frac{L}{C}} \tag{13.3.3}$$

$$\gamma = \sqrt{Z \cdot Y} = \sqrt{j\omega L \cdot j\omega C} = j\omega\sqrt{LC} \tag{13.3.4}$$

$R = 0, G = 0$ である無損失線路は,周波数が変化しても特性インピーダンスは一定の値 $\left(Z_0 = \sqrt{\frac{L}{C}}\right)$ となる.

伝搬定数 γ は,減衰定数 α と位相定数 β と $\gamma = \alpha + j\beta$ の関係にある.そのため,減衰定数 α と位相定数 β は以下となる.

$$\alpha = 0 \tag{13.3.5}$$

$$\beta = \omega\sqrt{LC} \tag{13.3.6}$$

減衰定数が $\alpha = 0$ であるため,図 13.2 の線路は距離 x が増加しても電圧および電流は減衰しない.そのため,$R = 0, G = 0$ である線路は,無損失線路と呼ばれる.

無損失線路では,光に近い速度で電圧波および電流波が伝搬する.
例) $L = 1.49\,(\text{mH/km})$, $C = 0.0116\,(\mu\text{F/km})$ である無損失線路の位相速度は $v = 2.4 \times 10^8\,(\text{m/s})$ となり,光速度の約 80% である.

(c) 位相速度を求める

位相速度 v は角周波数 ω,および位相定数 β から,以下となる.

$$v = \frac{\omega}{\beta} = \frac{\omega}{\omega\sqrt{LC}} = \frac{1}{\sqrt{LC}} \tag{13.3.7}$$

【演習 13.4】

図 13.7 に示す分布定数回路モデルで,角周波数 ω に関係なく,特性インピーダンス Z_0 が一定である条件(無ひずみ条件)を求めよ.

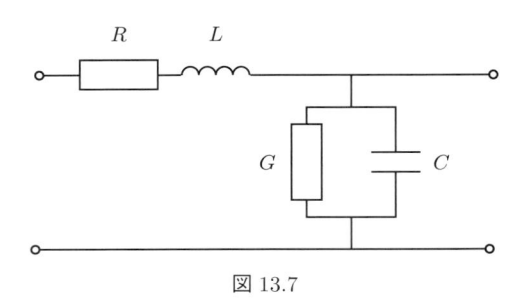

一般的な信号は,複数の周波数の交流で構成されている.特性インピーダンスが周波数 (角周波数) によって変化する分布定数回路では,周波数によって交流電圧,および電流の伝わりが異なる.そのため,入力された信号の波形が分布定数回路を伝わる過程で変化する(ひずみが発生する).

一方,特性インピーダンスが周波数 (角周波数) によって変化しない分布定数回路では,波形にひずみが発生しない.

図 13.7

【演習解答】

図 13.7 の分布定数回路で示される伝送線路が無ひずみである条件は,伝送損失の有無によって,2 つに分けられる.

①伝送損失がない(無損失)線路の場合

$R = 0, G = 0$ である分布定数回路は,無損失線路と呼ばれる.

図 13.7 が無損失線路 ($R = 0, G = 0$) である場合,特性インピーダンス Z_0 は以下となる.無損失線路の特性インピーダンス Z_0 は,角周波数に依存せず一定の値となる.

$$Z_0 = \sqrt{\frac{R + j\omega L}{G + j\omega C}} = \sqrt{\frac{L}{C}} \bigg|_{R=0, G=0} \tag{13.4.1}$$

②伝送損失がある線路の場合

$R \neq 0, G \neq 0$ である場合,その線路では電力の損失が発生する.

角周波数 $\omega = \infty$ があるとき,特性インピーダンス Z_0 は以下となる.

$$Z_0 = \sqrt{\frac{R + j\omega L}{G + j\omega C}} = \sqrt{\frac{\frac{R}{\omega} + jL}{\frac{G}{\omega} + jC}} = \sqrt{\frac{L}{C}} \bigg|_{\omega = \infty} \tag{13.4.2}$$

無ひずみ条件を満足する分布定数回路の特性インピーダンスは,角周波数が $\omega = \infty$ であるときの値と等しい.このことから,以下の式が成り立つ.

式 (13.4.3) から式 (13.4.4) への導出は以下である.

$CR + j\omega LC = LG + j\omega LC$

$CR = LG$

$$\sqrt{\frac{R + j\omega L}{G + j\omega C}} = \sqrt{\frac{L}{C}} \tag{13.4.3}$$

この式から,特性インピーダンス Z_0 が角周波数 ω に関係なく,一定である条件(無ひずみ条件)は以下となる.

$$\frac{R}{G} = \frac{L}{C} \tag{13.4.4}$$

第14章 過渡現象解析

図 14.1(a) に示す RL 回路で,時刻 $t=0$ にスイッチ S を閉じた.この回路で時刻 t に流れる電流 $i(t)$ は図 14.1(b) となる.電流は,時刻 $t=0$ のとき $i(0)=0$ であり,時間が十分に経過した場合 $(t=\infty)$ には $i(\infty)=\frac{E}{R}$ となる.このような電流変化は,過渡現象解析を用いて求められる.

以下に図 14.1 の RL 回路を例にして,過渡現象解析法について説明する.

スイッチを閉じるとは,電流が流れる状態することである(スイッチを入れた状態).

(a) RL 回路　　　　　(b) 電流 $i(t)$ の時間変化

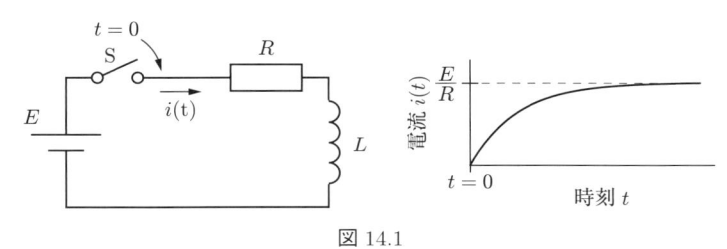

図 14.1

スイッチ S が閉じた状態にあり,電流 $i(t)$ が流れている回路では以下の回路方程式が成り立つ.この式は微分方程式であるため,その解を求めることで時刻 t に回路を流れる電流 $i(t)$ が求められる.

$$Ri(t) + L\frac{di(t)}{dt} = E \tag{1}$$

この回路方程式(微分方程式)の解は,以下である.

$$i(t) = \frac{E}{R} + Ae^{-\frac{R}{L}t} \tag{2}$$

式 (2) の A は積分定数である.時刻が $t=0$ のとき回路を流れる電流は $i(0)=0$ であることから,A は以下となる.

$$i(0) = \frac{E}{R} + Ae^{-\frac{R}{L}0} = 0 \qquad \therefore\ A = -\frac{E}{R} \tag{3}$$

以上から,時刻 t に回路を流れる電流 $i(t)$ は以下となる.

$$i(t) = \frac{E}{R} - \frac{E}{R}e^{-\frac{R}{L}t} = \frac{E}{R}\left(1 - e^{-\frac{R}{L}t}\right) \tag{4}$$

過渡現象解析は,定常電流(定常解)と過渡電流(過渡解)を個々に求めることでも行なわれる.

図 14.1 の回路は,RL 直列回路に直流電圧を印加した回路であるため,定常電流(定常解)$i_s(t)$ は以下である.

$$i_s(t) = \frac{E}{R}$$

過渡電流(過渡解)$i_t(t)$ は,回路の電源が $E=0$ としたときの閉路方程式(微分方程式)から求められる.

$$Ri_t(t) + L\frac{di_t(t)}{dt} = 0$$

この式の解は以下である.

$$i_t(t) = Ae^{-\frac{R}{L}t}$$

回路に流れる電流 $i(t)$ は,定常電流と過渡電流の和である.

$$i(t) = i_s(t) + i_t(t)$$
$$= \frac{E}{R} + Ae^{-\frac{R}{L}t}$$

時刻が $t=0$ のとき電流は $i(0)=0$ であることから,上式の積分定数 A は以下となり,式 (4) と等しくなる.

$$A = -\frac{E}{R}$$

第14章 過渡現象解析

スイッチを開けるとは，電流が流れない状態にすることである（スイッチが切れた状態）．

【演習 14.1】

図 14.2 に示す RC 直列回路で，時刻 $t = 0$ のときにスイッチ S_1 のみを閉じた．次に，時刻 $t = T$ のときにスイッチ S_1 を開けると同時にスイッチ S_2 を閉じた．この回路に流れる電流 $i(t)$ を求めよ．ただし，時刻 $t = 0$ のとき，コンデンサには電荷が貯まっていないとする．

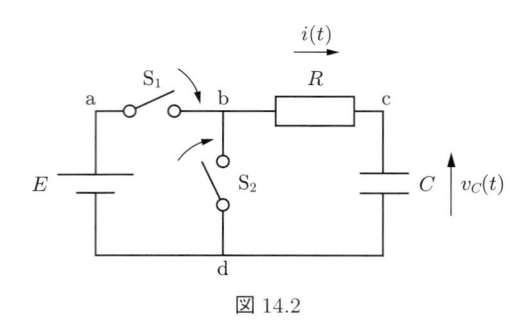

図 14.2

【演習解答】

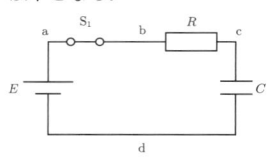

(a) **時刻が $0 \leq t \leq T$ であるときに流れる電流を求める**

時刻が $0 \leq t \leq T$ で，閉回路 abcda に電流 $i(t)$ が流れているとき，この閉回路には式 (14.1.1) の回路方程式（微分方程式）が成り立つ．この式から，時刻が $0 \leq t \leq T$ であるときに流れる電流 $i(t)$ は，式 (14.1.2) となる．

$$Ri(t) + \frac{1}{C}\int i(t)dt = E \tag{14.1.1}$$

$$i(t) = \frac{E}{R}e^{-\frac{1}{RC}t} \tag{14.1.2}$$

時刻が T であるとき，コンデンサに発生する電圧 $v_C(T)$ は，定電圧源 E と電流 $i(T)$ が抵抗 R に流れることで発生する電圧 $Ri(T)$ から以下となる．

$$v_C(T) = E - Ri(T) = E\left(1 - e^{-\frac{1}{RC}T}\right) \tag{14.1.3}$$

時間 $t = 0$ のときに，スイッチ S_1 のみを閉じた回路は以下となる．

時間 T にコンデンサで発生する電圧 $v_C(T)$ は，以下の式でも求められる．

$$v_C(T) = \frac{1}{C}\int_0^T i(t)dt$$

時間 $t = T$ のときにスイッチ S_1 を開けると同時に，スイッチ S_2 を閉じた回路は以下となる．

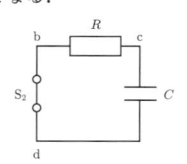

(b) **時刻が $T \leq t$ であるときに流れる電流を求める**

時刻が $T \leq t$ であり，電流 $i(t)$ が閉回路 cbdc を流れているとき，以下の閉路方程式（微分方程式）が成り立つ．

$$Ri(t) + \frac{1}{C}\int i(t)dt = 0 \tag{14.1.4}$$

この式の一般解は以下である．

$$i(t) = Ae^{-\frac{1}{RC}(t-T)} \tag{14.1.5}$$

式 (14.1.4) の一般解は，$i(t) = Ae^{-\frac{1}{RC}t}$ であるが，この解の時刻 t は，時刻 T からの経過時間を示している．そのため，式 (14.1.5) となる．

スイッチが切り替わった瞬間（時刻 T）に流れる電流は，時刻 T でのコンデンサの両端電圧 $v_C(T)$ と抵抗 R で決まり，以下になる．

$$i(T) = \frac{-v_C(T)}{R} = -\frac{E\left(1 - e^{-\frac{1}{RC}T}\right)}{R} \tag{14.1.6}$$

コンデンサの電圧 $v_C(T)$ は，図 14.2 の電流の向きと逆方向である．そのため，式 (14.1.6) の電圧 $v_C(T)$ は負となる．

このことから，式 (14.1.5) の積分定数 A が求められる．

$$i(T) = Ae^{-\frac{1}{RC}(T-T)} = A = -\frac{E\left(1 - e^{-\frac{1}{RC}T}\right)}{R}$$

$$\therefore \quad A = -\frac{E}{R}\left(1 - e^{-\frac{1}{RC}T}\right) \tag{14.1.7}$$

時刻が $T \leqq t$ で回路に流れる電流 $i(t)$ は，式 (14.1.5)，(14.1.7) から以下となる．

$$i(t) = -\frac{E}{R}\left(1 - e^{-\frac{1}{RC}T}\right)e^{-\frac{1}{RC}(t-T)} \tag{14.1.8}$$

式 (14.1.8) は以下の式で表すこともできる．

$$i(t) = -\frac{E}{R}\left(e^{-\frac{1}{RC}(t-T)} - e^{-\frac{1}{RC}t}\right)$$

(a) および (b) で求めた電流 $i(t)$ を図示すると図 14.3 になる．

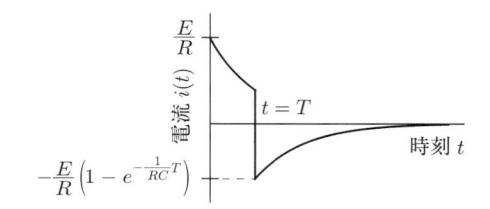

図 14.3　時刻 t における電流 $i(t)$

【演習 14.2】

図 14.4 の回路で，時刻が $t=0$ のときスイッチ S を閉じた．回路全体を流れる電流 $i(t)$ を求めよ．また，時刻 t による電流 $i(t)$ の変化を図示せよ．

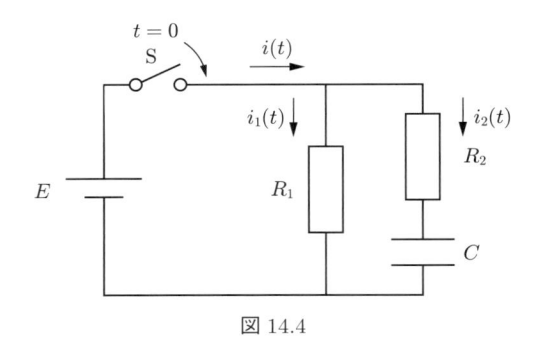

本問題では，時刻が $t=0$ のときコンデンサには電荷が貯まっていないとする．

図 14.4

【演習解答】

(a) 抵抗 R_1 に流れる電流 $i_1(t)$ を求める

抵抗 R_1 には定電圧源の電圧 E が印加されているため，以下の電流 $i_1(t)$ が流れる．

抵抗 R_1 に流れる電流 $i_1(t)$ は一定の値である．

$$i_1(t) = \frac{E}{R_1} \tag{14.2.1}$$

(b) $R_2 C$ 回路に流れる電流 $i_2(t)$ を求める

$R_2 C$ 回路と定電圧源 E では，以下の回路方程式（微分方程式）が成り立つ．

$R_2 C$ 回路に流れる電流 $i_2(t)$ は，式 (14.2.3) に従い時刻 t とともに変化する．

$$R i_2(t) + \frac{1}{C} \int i_2(t) dt = E \tag{14.2.2}$$

式 (14.2.2) を解くことで，時刻 t での電流 $i_2(t)$ が求められる．

$$i_2(t) = \frac{E}{R_2} e^{-\frac{1}{R_2 C} t} \tag{14.2.3}$$

(c) 回路全体を流れる電流 $i(t)$ を求める

回路全体を流れる電流 $i(t)$ は，電流 $i_1(t)$ と $i_2(t)$ の和である．

式 (14.2.4) は，電流値が時刻に依存しない定常電流（定常解）と時刻に依存する過渡電流（過渡解）で構成されている．

$$i(t) = i_1(t) + i_2(t) = \frac{E}{R_1} + \frac{E}{R_2} e^{-\frac{1}{R_2 C} t} \tag{14.2.4}$$

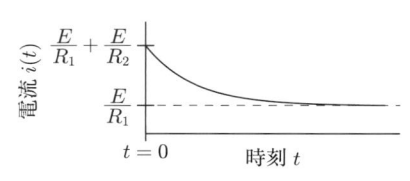

定常電流（定常解）

$$i_1(t) = \frac{E}{R_1}$$

過渡電流（過渡解）

$$i_2(t) = \frac{E}{R_2} e^{-\frac{1}{R_2 C} t}$$

図 14.5　時刻 t における電流 $i(t)$

【演習 14.3】

図 14.6 の回路で，時刻が $t=0$ のときスイッチ S を a 側に切り替えた．コンデンサの両端に発生する電圧 $v(t)$ を求めよ．

本問題では，時刻が $t=0$ のときコンデンサには電荷が貯まっていないとする．

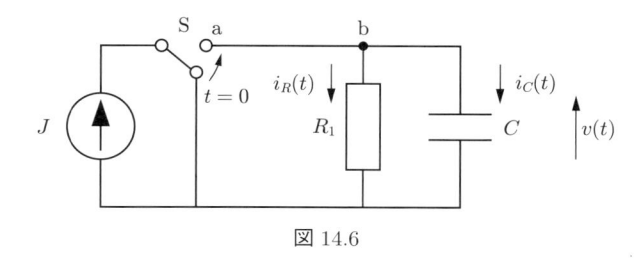

図 14.6

【演習解答】

定電流源からの電流 J は，点 b で電流 $i_R(t), i_C(t)$ に分流される．それぞれの電流が抵抗およびコンデンサに流れることで，電圧 $v(t)$ が発生する．これらの関係は，以下の式で示される．

$$J = i_R(t) + i_C(t)$$
$$= \frac{v(t)}{R} + C\frac{dv(t)}{dt} \tag{14.3.1}$$

コンデンサに貯っている電荷 $q(t)$ と電圧 $v(t)$，電流 $i(t)$ には以下の関係がある．
$$i(t) = \frac{dq(t)}{dt}$$
$$= C\frac{dv(t)}{dt}$$

式 (14.3.1) を変数分離すると以下の式になる．

$$\frac{1}{RJ - v(t)}dv(t) = \frac{1}{RC}dt \tag{14.3.2}$$

この微分方程式の一般解は以下となる．

$$-\ln(RJ - v(t)) = \frac{1}{RC}t + k$$
$$\therefore \quad v(t) = RJ - Ae^{-\frac{1}{RC}t} \tag{14.3.3}$$

式 (14.3.3) で，k および A は積分定数である．

スイッチ S を a 側に切り替えたとき ($t=0$)，コンデンサの両端の電圧は $v(0)=0$ であることから，式 (14.3.3) の積分定数 A は以下になる．

$$v(0) = RJ - Ae^{-\frac{1}{RC}0} = 0$$
$$\therefore \quad A = RJ \tag{14.3.4}$$

以上から，コンデンサの両端に発生する電圧 $v(t)$ は，以下の式となる．

$$v(t) = RJ\left(1 - e^{-\frac{1}{RC}t}\right) \tag{14.3.5}$$

図 14.7 時刻 t における電圧 $v(t)$

【演習 14.4】

図 14.8 の回路で，時刻が $t=0$ のときスイッチ S を閉じた．回路に流れる電流 $i(t)$ を求めよ．さらに，過渡電流が流れない条件を求めよ．

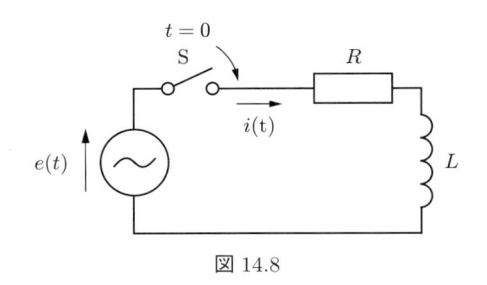

図 14.8

【演習解答】

(a) 回路方程式を立てる

図 14.8 の回路方程式（微分方程式）は以下となる．

$$Ri(t) + L\frac{di(t)}{dt} = E_m \sin(\omega t + \theta) \tag{14.4.1}$$

この回路に流れる電流 $i(t)$ は，時刻 t とともに変化する過渡電流（過渡解）$i_t(t)$ と，時間が十分に経過した ($t=\infty$) ときに流れる定常電流（定常解）$i_s(t)$ で構成されている．

交流電圧源の電圧は以下で示される．

$$e(t) = E_m \sin(\omega t + \theta)$$

式中の θ はスイッチを閉じたときの位相を示す．

(b) 過渡電流（過渡解）を求める

過渡電流（過渡解）$i_t(t)$ は，式 (14.4.1) の右辺を 0 にした場合の解であり，以下となる．

$$i_t(t) = Ae^{-\frac{R}{L}t} \tag{14.4.2}$$

過渡電流（過渡解）を求めるための微分方程式は以下である．

$$Ri(t) + L\frac{di(t)}{dt} = 0$$

(c) 定常電流（定常解）を求める

定常電流（定常解）$i_s(t)$ は，RL 直列回路に交流電圧源を接続した場合の電流であるため，以下となる．

$$i_s(t) = I_m \sin(\omega t + \theta - \phi) \tag{14.4.3}$$

式 (14.4.3) で，I_m, ϕ は以下である．

$$I_m = \frac{E_m}{\sqrt{R^2 + (\omega L)^2}}, \qquad \phi = \tan^{-1}\frac{\omega L}{R} \tag{14.4.4}$$

定常電流（定常解）の求め方は，第 5 章を参照．

電圧と電流の位相差 ϕ は以下の範囲である．

$$0 \leqq \phi \leqq \frac{\pi}{2}$$

(d) 回路に流れる電流 $i(t)$ を求める

回路に流れる電流 $i(t)$ は，過渡電流 $i_t(t)$ と定常電流 $i_s(t)$ の和であるため，以下の一般解が求められる．

$$i(t) = i_t(t) + i_s(t)$$
$$= Ae^{-\frac{R}{L}t} + I_m \sin(\omega t + \theta - \phi) \tag{14.4.5}$$

スイッチを閉じたとき $(t=0)$ に回路に流れる電流は，$i(0) = 0$ である．このことから，式 (14.4.5) の積分定数 A が求められる．

$$i(0) = Ae^{-\frac{R}{L}0} + I_m \sin(\omega 0 + \theta - \phi)$$
$$= A + I_m \sin(\theta - \phi) = 0$$
$$\therefore \quad A = -I_m \sin(\theta - \phi) \tag{14.4.6}$$

以上から，回路に流れる電流 $i(t)$ は以下となる．

$$i(t) = -I_m \sin(\theta - \phi) e^{-\frac{R}{L}t} + I_m \sin(\omega t + \theta - \phi) \tag{14.4.7}$$

(e) 過渡電流が流れない条件を求める

式 (14.4.7) で過渡電流 $i_t(t)$ は以下となり，それが 0 となる条件を求める．

$$i_t(t) = -I_m \sin(\theta - \phi) e^{-\frac{R}{L}t} = 0$$
$$\therefore \quad \theta - \phi = 0 \tag{14.4.8}$$

なお，$\theta - \phi = -\frac{\pi}{2}$ のとき，過渡電流 $i_t(t)$ は最大となる．

(a) $\theta - \phi = 0$, (b) $0 > \theta - \phi > -\frac{\pi}{2}$, (c) $\theta - \phi = -\frac{\pi}{2}$ の条件で，回路を流れる電流 $i(t)$ を図示すると以下になる．

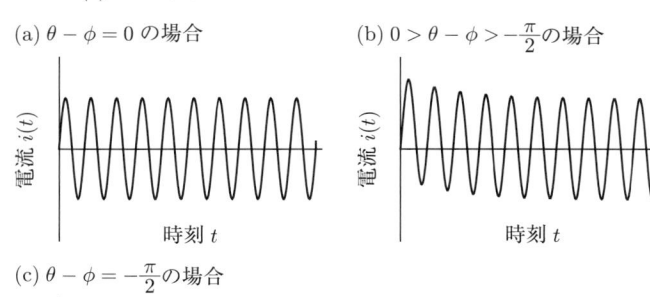

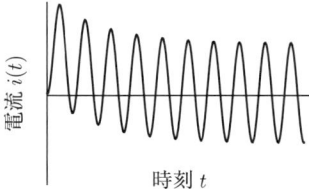

(a) $\theta - \phi = 0$ の場合

(b) $0 > \theta - \phi > -\frac{\pi}{2}$ の場合

(c) $\theta - \phi = -\frac{\pi}{2}$ の場合

図 14.9 時刻 t における電流 $i(t)$

スイッチを閉じた時 $(t=0)$ の過渡電流は，交流電圧源の初期位相と RL 回路の偏角の差 $(\theta - \phi)$ で決まる．また，過渡電流は時刻 t とともに減少する．

$\theta - \phi = -\frac{\pi}{2}$ であるとき，過渡電流は以下となる．

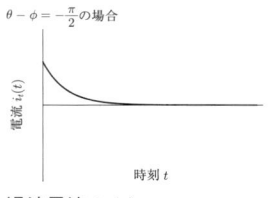

$\theta - \phi = -\frac{\pi}{2}$ の場合

過渡電流 $i_t(t)$

本問題では，時刻が $t=0$ のときコンデンサには電荷が貯まっていないとする．

電流 $i(t)$ が一定になるためには，過渡電流を 0 にすればよい．

【演習 14.5】
図 14.10 の回路で，時刻が $t=0$ のときスイッチ S を閉じた．回路全体を流れる電流 $i(t)$ が時刻 t とともに変化せず，一定の値であるために必要な抵抗 R_1, R_2，コイル L，コンデンサ C の関係を求めよ．

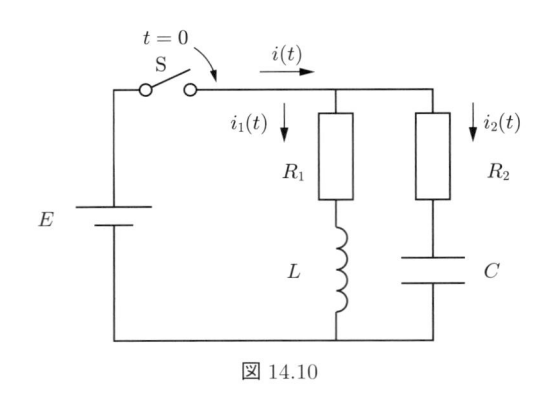

図 14.10

【演習解答】
(a) $R_1 L$ 回路に流れる電流 $i_1(t)$ を求める

$R_1 L$ 回路と定電圧源 E には，以下の式が成り立つ．

$$Ri_1(t) + L\frac{di_1(t)}{dt} = E \tag{14.5.1}$$

式 (14.5.1) を解くことで，時刻 t に流れる電流 $i_1(t)$ が求められる．

$$i_1(t) = \frac{E}{R_1} - \frac{E}{R_1}e^{-\frac{R_1}{L}t} \tag{14.5.2}$$

(b) $R_2 C$ 回路に流れる電流 $i_2(t)$ を求める

$R_2 C$ 回路と定電圧源 E には，以下の式が成り立つ．

$$Ri_2(t) + \frac{1}{C}\int i_2(t)dt = E \tag{14.5.3}$$

式 (14.5.3) を解くことで，時刻 t に流れる電流 $i_2(t)$ が求められる．

$$i_2(t) = \frac{E}{R_2}e^{-\frac{1}{R_2 C}t} \tag{14.5.4}$$

式 (14.5.5) の過渡電流（過渡解）は，以下である．そのため，式 (14.5.6) が導かれる．
$-\frac{E}{R_1}e^{-\frac{R_1}{L}t} + \frac{E}{R_2}e^{-\frac{1}{R_2 C}t}$

(c) 回路全体を流れる電流 $i(t)$ を求める

回路全体を流れる電流 $i(t)$ は，電流 $i_1(t), i_2(t)$ を用いて，以下である．

$$i(t) = i_1(t) + i_2(t) = \frac{E}{R_1} - \frac{E}{R_1}e^{-\frac{R_1}{L}t} + \frac{E}{R_2}e^{-\frac{1}{R_2 C}t} \tag{14.5.5}$$

電流 $i(t)$ が一定となるためには，以下の条件を満足すればよい．

式 (14.5.7) は，式 (14.5.6) から以下の式を比較することで求められる．
$$\frac{E}{R_1} = \frac{E}{R_2}$$
$$\frac{R_1}{L} = \frac{1}{R_2 C}$$

$$-\frac{E}{R_1}e^{-\frac{R_1}{L}t} + \frac{E}{R_2}e^{-\frac{1}{R_2 C}t} = 0 \tag{14.5.6}$$

$$\therefore \quad R_1 = R_2 = \sqrt{\frac{L}{C}} \tag{14.5.7}$$

索　引

■あ
一般線形回路, 103
インピーダンス, 37
Fパラメータ, 115
オームの法則, 1

■か
重ねあわせの定理, 103
過渡現象解析, 131
過渡電流, 131
キルヒホッフの法則, 15

■さ
三相交流回路, 87
自己インダクタンス, 81
瞬時値, 49
瞬時電力, 69
正弦波交流, 37
Zパラメータ, 115
相互インダクタンス, 81
相互誘導回路, 81

■た
力率, 69
直列インピーダンス, 125
抵抗の合成, 1
定常電流, 131
テブナンの定理, 103
伝搬定数, 125
電力, 1
T形等価回路, 81

等価電圧源, 29
等価電流源, 29
特性インピーダンス, 125

■な
ノートンの定理, 103

■は
皮相電力, 69
フェーザ軌跡, 61
フェーザ図, 49, 61
複素インピーダンス, 49
複素数（フェーザ）表示, 49
分布定数回路, 125
並列アドミッタンス, 125
閉路方程式, 21

■ま
ミルマンの定理, 103
無効電力, 69

■や
有効電力, 69
誘導性リアクタンス, 37, 49
容量性リアクタンス, 37, 49

■ら
リアクタンス, 37, 49

■わ
Yパラメータ, 115

memo

memo

著者紹介

庄　善之（しょう　よしゆき）
1996 年　東海大学大学院 工学研究科電子工学専攻（博士課程後期）卒業
現　在　東海大学 工学部 電気電子工学科教授・博士（工学）

演習 電気回路 *Electric Circuits Workbook* 2014 年 9 月 25 日　初版 1 刷発行 2024 年 9 月 10 日　初版 4 刷発行	著　者　庄　善之 © 2014 発行者　南條光章 発行所　**共立出版株式会社** 　　　　東京都文京区小日向 4 丁目 6 番 19 号 　　　　電話 東京（03）3947-2511 番（代表） 　　　　〒112-0006/振替口座 00110-2-57035 番 　　　　URL　www.kyoritsu-pub.co.jp 印　刷　大日本法令印刷 製　本　協栄製本 　　　　　一般社団法人 　　　　　自然科学書協会 　　　　　会員
検印廃止 NDC 541 ISBN 978-4-320-08643-2	Printed in Japan

JCOPY ＜出版者著作権管理機構委託出版物＞
本書の無断複製は著作権法上での例外を除き禁じられています．複製される場合は，そのつど事前に，出版者著作権管理機構（ＴＥＬ：03-5244-5088，ＦＡＸ：03-5244-5089，e-mail：info@jcopy.or.jp）の許諾を得てください．

■電気・電子工学関連書

www.kyoritsu-pub.co.jp　共立出版

- 次世代ものづくりのための 電気・機械一体モデル (共立SS 3)……長松昌男著
- 演習 電気回路……………………………………………庄 善之著
- テキスト 電気回路………………………………………庄 善之著
- エッセンス電気・電子回路……………………………佐々木浩一他著
- 詳解 電気回路演習 上・下……………………………大下眞二郎著
- 大学生のための電磁気学演習…………………………沼居貴陽著
- 大学生のためのエッセンス電磁気学…………………沼居貴陽著
- 入門 工系の電磁気学……………………………………西浦宏幸他著
- 基礎と演習 理工系の電磁気学…………………………高橋正雄著
- 詳解 電磁気学演習………………………………………後藤憲一他共編
- わかりやすい電気機器…………………………………天野耀鴻他著
- 論理回路 基礎と演習……………………………………房岡 璋他共著
- 電子回路 基礎から応用まで……………………………坂本康正著
- 学生のための基礎電子回路……………………………亀井且有著
- 本質を学ぶためのアナログ電子回路入門 宮入圭一監修
- マイクロ波回路とスミスチャート……………………谷口慶治他著
- 大学生のためのエッセンス量子力学…………………沼居貴陽著
- 材料物性の基礎…………………………………………沼居貴陽著
- 半導体LSI技術 (未来へつなぐ S 7)………………牧野博之他著
- Verilog HDLによるシステム開発と設計……………高橋隆一著
- マイクロコンピュータ入門 高性能な8ビットPICマイコンのC言語によるプログラミング 森元 逞他著
- デジタル技術とマイクロプロセッサ (未来へつなぐ S 9) 小島正典他著
- 液晶 基礎から最新の科学とディスプレイテクノロジーまで (化学の要点 S 19)………竹添秀男他著

- 基礎制御工学 増補版 (情報・電子入門 S 2)………小林伸明他著
- PWM電力変換システム パワーエレクトロニクスの基礎 谷口勝則著
- 情報通信工学………………………………………………岩下 基著
- 新編 図解情報通信ネットワークの基礎………………田村武志著
- 電磁波工学エッセンシャルズ 基礎からアンテナ伝送線路まで 左貝潤一著
- 小形アンテナハンドブック……………………………藤本京平他編著
- 基礎 情報伝送工学………………………………………古賀正文他著
- モバイルネットワーク (未来へつなぐ S 33) 水野忠則他監修
- IPv6ネットワーク構築実習……………………………前野譲二他著
- 複雑系フォトニクス レーザカオスの同期と光情報通信への応用 内田淳史他著
- ディジタル通信 第2版…………………………………大下眞二郎他著
- 画像処理 (未来へつなぐ S 28)……………………白鳥則郎監修
- 画像情報処理 (情報工学テキスト S 3)………………渡部広一著
- デジタル画像処理 (Rで学ぶDS 11)…………………勝木健雄他著
- 原理がわかる信号処理…………………………………長谷山美紀著
- 信号処理のための線形代数入門 特異値解析から機械学習への応用まで 関原謙介著
- デジタル信号処理の基礎 例題とPythonによる図で解く 岡留 剛著
- ディジタル信号処理 (S知能機械工学 6)……………毛利哲也著
- ベイズ信号処理 信号・ノイズ・推定をベイズ的に考える 関原謙介著
- 統計的信号処理 信号・ノイズ・推定を理解する……関原謙介著
- 電気系のための光工学…………………………………左貝潤一著
- 医用工学 医療技術者のための電気・電子工学 第2版………若松秀俊他著